Arti Hadap
Vishal Panse
Antomi Saregar

A interação entre a física da relatividade e a espiritualidade humana

Arti Hadap
Vishal Panse
Antomi Saregar

A interação entre a física da relatividade e a espiritualidade humana

Dimensões da compreensão

ScienciaScripts

Imprint

Cover image: www.ingimage.com

This book is a translation from the original published under ISBN 978-620-7-84153-0.

Publisher:
Sciencia Scripts
is a trademark of
Dodo Books Indian Ocean Ltd. and OmniScriptum S.R.L publishing group

120 High Road, East Finchley, London, N2 9ED, United Kingdom
Str. Armeneasca 28/1, office 1, Chisinau MD-2012, Republic of Moldova, Europe
Printed at: see last page
ISBN: 978-620-7-91870-6

Lista de autores com designação

Dr. Arti Hadap
Professor Assistente
Departamento de Ciências Básicas e Humanas MPSTME,
NMIMS Deemed to be University Vile Parle Mumbai
(Maharashtra), Índia -400056

Dr. Vishal Panse
Professor Assistente (Diretor), Departamento de Física,
Late.B.S.Arts, Prof.N.G.Science & A.G.Commerce College
Sakharkherda, Th-Sindkhed Raja, Dist-Buldana, (Maharashtra),
Índia - 443202

Dr. Antomi Saregar
Professor Associado,
Departamento de Ensino de Física
Universitas Islam Negeri Raden Intan, Lampung, Indonésia

Prefácio

É com grande alegria que gostaria de agradecer a muitas pessoas que me ajudaram imenso ao longo de todo o difícil, desafiante, mas gratificante e interessante caminho em direção a uma espécie de Livro Editado sem a sua ajuda e apoio, nada deste trabalho teria sido possível.

Índice

Introdução

- Relatividade e Espiritualidade

a intersecção da relatividade e da espiritualidade revela uma profunda interação entre o tecido do universo e a essência da existência humana. A relatividade, tal como introduzida pelas teorias de Albert Einstein, revolucionou a nossa compreensão do espaço, do tempo e da gravidade, alterando fundamentalmente os paradigmas da física clássica. Simultaneamente, a espiritualidade mergulha nos domínios para além da observação empírica, explorando a natureza da consciência, a interconexão e o objetivo último da vida.

A teoria da relatividade de Einstein, que inclui a relatividade especial e a relatividade geral, destruiu a conceção newtoniana de espaço e tempo absolutos. A relatividade especial revelou a natureza relativista do espaço e do tempo, elucidando como as medições destas entidades dependem do quadro de referência do observador. A famosa equação E=mc^2 surgiu como uma pedra angular, demonstrando a equivalência da massa e da energia, transcendendo assim as noções convencionais de matéria. A relatividade geral, por outro lado, apresentou um novo entendimento da gravidade como a curvatura do espaço-tempo causada pela presença de massa e energia. Esta curvatura dita as trajectórias dos objectos, retratando a gravidade não como uma força que actua à distância, mas antes como uma consequência da geometria do próprio espaço-tempo.

No domínio da espiritualidade, diversas tradições e filosofias oferecem perspectivas sobre a natureza da realidade e a experiência humana. Em todas as culturas e épocas, a espiritualidade tem procurado transcender as fronteiras do mundo material, explorando os domínios da consciência, da moralidade e da interligação de todos os seres. Práticas como a meditação, a oração e a introspeção servem de caminho para uma compreensão espiritual mais profunda, facilitando a comunhão com o divino ou com o universo em geral. No centro de muitos ensinamentos espirituais está a noção de uma unidade subjacente ou unicidade que permeia toda a existência, transcendendo a diversidade aparente e as divisões do reino físico.

No centro da convergência entre a relatividade e a espiritualidade está o reconhecimento da interconexão e da interdependência. O próprio Einstein deu a entender esta unidade quando observou: "O ser humano é uma parte do todo a que chamamos universo, uma parte limitada no tempo e no espaço. Experimenta a si próprio, os seus pensamentos e sentimentos como algo separado do resto, uma espécie de ilusão ótica da sua consciência." Aqui, Einstein insinua que a sensação de separação entre o indivíduo e o universo é ilusória, ecoando ensinamentos espirituais que enfatizam a unidade inerente de toda a criação.

Uma das implicações mais profundas da relatividade é o conceito de espaço-tempo, em que o espaço e o tempo estão intrinsecamente interligados num único continuum. Esta perspetiva holística ressoa profundamente com os conhecimentos espirituais sobre a natureza interligada da realidade. Em tradições espirituais como o hinduísmo e o budismo, o conceito de "vazio" ou "shunyata" sugere que todos os fenómenos são desprovidos de existência inerente, existindo apenas na dependência de outros fenómenos. Isto é paralelo à relatividade do espaço-tempo, em que o tecido da realidade é entendido não como um conjunto de entidades isoladas, mas como um todo unificado em que cada parte influencia e é influenciada por todas as outras partes.

Além disso, a relatividade desafia a noção de simultaneidade absoluta, em que os eventos que ocorrem em locais e momentos diferentes podem ser percebidos como simultâneos a partir de um quadro de referência, mas não a partir de outro. Esta perspetiva relativista reflecte o entendimento espiritual do tempo como uma experiência subjectiva e não como uma realidade absoluta. Em muitas tradições espirituais, o conceito de "eterno agora" ou "intemporalidade" sugere que o passado, o presente e o futuro são todos acessíveis no momento presente, transcendendo o fluxo linear do tempo percebido na consciência quotidiana.

Além disso, o conceito de curvatura do espaço-tempo na relatividade geral oferece um quadro metafórico para compreender a interação entre a consciência individual e a realidade cósmica mais vasta. Tal como os objectos maciços distorcem o tecido do espaço-tempo, moldando as trajectórias dos objectos próximos, os pensamentos, emoções e acções dos seres sensíveis podem influenciar a consciência colectiva, moldando o curso da história humana e o desenrolar dos acontecimentos cósmicos. Isto alinha-se com os ensinamentos espirituais sobre o poder da intenção, da atenção plena e da compaixão para efetuar mudanças positivas no mundo, ilustrando a forma como a agência individual se cruza com a tapeçaria mais vasta da existência.

A unidade da relatividade e da espiritualidade torna-se ainda mais evidente quando se considera o papel da consciência na formação da realidade. Embora a física clássica apresente uma visão mecanicista do mundo, em que a consciência é um mero subproduto dos processos físicos, o advento da mecânica quântica veio pôr em causa esta perspetiva reducionista. Os fenómenos quânticos, como a sobreposição e o emaranhamento, sugerem que o próprio ato de observação desempenha um papel fundamental na manifestação da realidade, realçando a ligação inseparável entre o observador e o observado. Este facto está em sintonia com os ensinamentos espirituais que enfatizam o poder criativo da consciência na formação da experiência pessoal e na influência do desenrolar dos acontecimentos cósmicos.

Para além disso, o conceito de não-localidade na física quântica, em que as partículas podem ser instantaneamente correlacionadas independentemente da distância entre elas, sugere uma interligação mais profunda que transcende os constrangimentos do espaço e do tempo. Isto ecoa as percepções espirituais sobre a natureza interligada de todos os seres, sugerindo que a separação é uma ilusão e que, em última análise, tudo está ligado num todo indivisível. Nesta perspetiva, as divisões entre o eu e o outro, o observador e o observado, dissolvem-se, dando origem a um profundo sentido de unidade e interligação com toda a existência.

No domínio da cosmologia, os conhecimentos da relatividade e da espiritualidade convergem na tentativa de compreender as origens e o destino final do universo. A teoria do Big Bang, apoiada por provas observacionais, postula que o universo surgiu de um ponto singular de densidade infinita, expandindo-se e evoluindo ao longo de milhares de milhões de anos. Esta narrativa cósmica reflecte as cosmologias espirituais que descrevem a criação como tendo surgido de uma fonte primordial ou de uma consciência divina, desenrolando-se num processo contínuo de manifestação e evolução. Além disso, teorias como a hipótese do multiverso, que postula a existência de múltiplos universos com constantes físicas variáveis, sugerem uma paisagem cósmica vasta e diversificada para além da nossa compreensão atual, fazendo eco dos ensinamentos espirituais sobre a potencialidade infinita da existência.

Em última análise, a convergência da relatividade e da espiritualidade convida-nos a transcender as limitações do pensamento dualista e a abraçar uma compreensão holística da realidade. Ao reconhecer a interação entre o objetivo e o subjetivo, o material e o espiritual, ganhamos uma visão dos mistérios profundos da existência e do nosso lugar no cosmos. Nesta síntese de ciência e espiritualidade, encontramos não só iluminação intelectual, mas também um sentido mais profundo de significado, objetivo e interligação que transcende as fronteiras do espaço e do tempo.

Objetivo e âmbito de aplicação

O objetivo de explorar a integração entre a relatividade e a espiritualidade é promover uma compreensão mais profunda da forma como estes dois campos, frequentemente vistos como distintos e não relacionados, se podem informar e enriquecer mutuamente. Esta investigação interdisciplinar visa colmatar a lacuna entre a exploração científica e a sabedoria espiritual, oferecendo conhecimentos sobre a natureza da existência, do universo e da consciência humana. Através desta integração, procuramos:

Melhorar a compreensão mútua: Promover um maior apreço no seio da comunidade científica pelas perspectivas espirituais e no seio das comunidades espirituais pelos conhecimentos fornecidos pela relatividade e pela física.

Expandir as estruturas conceptuais: Desafiar e expandir os paradigmas existentes dentro dos quais entendemos o tempo, o espaço, a matéria e a espiritualidade, propondo uma visão mais holística de como esses elementos se inter-relacionam.

Abordar questões fundamentais: Abordar questões antigas sobre a origem, a estrutura e o objetivo do universo, da vida e da consciência a partir de uma perspetiva unificada.

Promover implicações éticas: Explorar as implicações éticas e filosóficas das descobertas científicas sobre a relatividade, particularmente o impacto que têm na nossa compreensão da existência humana e da espiritualidade.

Promover o diálogo global: Incentivar um diálogo global entre cientistas, filósofos, líderes espirituais e o público em geral para explorar estes temas de forma colaborativa e inclusiva.

Âmbito de aplicação

O âmbito da integração da relatividade e da espiritualidade abrange uma vasta gama de actividades e disciplinas, com o objetivo de criar um diálogo abrangente entre estes domínios. As principais áreas de incidência incluem:

- Exploração teórica: Examinar os fundamentos teóricos da relatividade e de várias tradições espirituais para identificar áreas de congruência e divergência. Isto inclui a análise de conceitos como o tempo, o espaço, a interconexão e a natureza da realidade.
- Investigação interdisciplinar: Conduzir investigação interdisciplinar que envolva a colaboração entre físicos, teólogos, filósofos e outros académicos. Esta investigação pode incluir estudos comparativos, sínteses teóricas e projectos experimentais que incorporem tanto práticas espirituais como métodos científicos.
- Iniciativas Educacionais: Desenvolver programas e recursos educativos que integrem conhecimentos da relatividade e da espiritualidade, destinados tanto a audiências académicas como ao público em geral. Estas iniciativas podem assumir a forma de cursos, seminários, workshops e publicações que facilitem uma compreensão mais profunda de ambos os domínios.
- Envolvimento da comunidade: Envolver-se com várias comunidades através de palestras, debates e sessões interactivas que reúnem pessoas de diversas origens para explorar a forma como a relatividade e a espiritualidade se cruzam e o que isso significa para a compreensão pessoal e colectiva.
- Desenvolvimento Tecnológico e Metodológico: Utilizar e desenvolver novas tecnologias e metodologias que possam auxiliar no estudo empírico das experiências espirituais e suas potenciais conexões com os princípios da relatividade.

A integração da relatividade e da espiritualidade tem por objetivo criar uma exploração rica, inclusiva e multidimensional que respeite e utilize os pontos fortes tanto da investigação científica como da sabedoria espiritual. Este esforço não só alarga os nossos horizontes intelectuais, como também oferece perspectivas práticas que podem contribuir para abordagens mais compassivas e ponderadas dos desafios globais e existenciais.

Fundamentos da Relatividade

Breve história da teoria da relatividade

Começa com a sua significativa descolagem da mecânica antiga, que tinha governado a perspetiva lógica do mundo real durante quase dois séculos. A mecânica antiga, à luz das leis do movimento e da atração de Newton, deu uma estrutura à compreensão do universo real que era simultaneamente requintada e surpreendentemente frutuosa. Em todo o caso, no final do século XIX, alguns resultados de ensaios e contemplações hipotéticas propuseram que a mecânica newtoniana provavelmente não seria adequada para dar sentido a todas as peculiaridades reais, especialmente aquelas que incluem o eletromagnetismo e a velocidade da luz. Em 1905, Albert Einstein distribuiu o seu artigo sobre a relatividade única, que, num sentido geral, mudou a forma como podemos interpretar a realidade.

Esta hipótese surgiu do esforço de Einstein para acomodar as leis do eletromagnetismo, tal como descritas pelas situações de Maxwell, com a regra de que as leis da ciência material são semelhantes em todas as margens inerciais (isto é, invólucros de referência em que um observador está muito parado ou a mover-se a uma velocidade consistente). Foi o que a mecânica tradicional recomendou, no caso de um indivíduo estar a mover-se rapidamente em comparação com uma fonte de luz, ele avaliaria a velocidade da luz para ser diferente em comparação com alguém muito parado em comparação com a fonte. Em todo o caso, os testes, sobretudo o exame Michelson-Morley de 1887, não tinham conseguido distinguir qualquer diferença na velocidade da luz devido ao movimento através do "éter", que se estimava ser o meio através do qual as ondas de luz se propagavam. Einstein resolveu estes problemas eliminando a ideia do éter e recomendando que a velocidade da luz no vácuo é consistente e livre do movimento da fonte ou da testemunha ocular.

Este pensamento extremo levou a concluir que as estimativas da existência são relativas e dependem da condição de movimento do observador. Entre as surpreendentes ramificações da relatividade extraordinária estavam o alargamento do tempo (os tiquetaques em movimento correm cada vez mais devagar) e a constrição (os artigos em movimento abreviam-se), peculiaridades que foram desde então confirmadas por vários ensaios. Expandindo a sua hipótese da relatividade excecional, Einstein começou a pensar no impacto da energia atractiva no cálculo da existência. Em 1915, distribuiu a hipótese da relatividade geral, que substituiu a lei da energia atractiva geral de Newton ao descrever a gravidade não como uma força que actua a grande distância, mas como uma curva do espaço-tempo provocada pela massa e pela energia. De acordo com a relatividade geral, a presença de um objeto enorme contorce a textura do espaço-tempo, e esta forma coordena o movimento de diferentes objectos.

Tratava-se de uma evolução extrema em relação ao sistema newtoniano, em que a gravidade era uma força entre massas. A relatividade geral antecipou algumas peculiaridades novas, como o encurvamento da luz pela gravidade (lente gravitacional), o desvio para o vermelho gravitacional da luz e a precessão dos periélios dos planetas. A principal afirmação observacional da relatividade geral surgiu em 1919, quando Arthur Eddington conduziu um projeto para quantificar o encurvamento da luz estelar pelo Sol durante uma sombra orientada. Os resultados corresponderam às expectativas de Einstein e ajudaram a concretizar a situação da relatividade geral como uma realização lógica digna de nota. A partir desse momento, a relatividade geral terminou um grande número de avaliações e tornou-se um dispositivo fundamental em astronomia.

Dá o estabelecimento hipotético a modelos de peculiaridades cosmológicas, por exemplo, aberturas escuras, estrelas de neutrões e a explosão de Huge. Além disso, as aplicações mecânicas, como as estruturas de rotas GPS, requerem alterações para que os impactos previstos pela relatividade geral funcionem com precisão. O aperfeiçoamento da relatividade geral animou, além disso, um exame mais aprofundado da hipotética ciência dos materiais, levando a esforços para a juntar à mecânica quântica, o outro pilar da ciência física atual. Esta procura de uma hipótese quântica da gravidade continua a ser uma das principais dificuldades da ciência material atual. Entretanto, as ramificações da relatividade continuam a ser investigadas, desde a descoberta das ondas gravitacionais (vistas pela primeira vez em 2015) até aos exames relativos à ideia da extensão do universo.

Em 25 de novembro de 1915, enquanto a guerra pulverizadora fervilhava por toda a Europa, Albert Einstein apresentou o artigo Kick the bucket Feldgleichungen der Attractive energy ("As condições de campo da energia atractiva") à Fundação Prussiana de Ciências. Este artigo, o último de uma progressão de quatro, denotava a definição primária previsível da sua hipótese geral da relatividade, um empreendimento que tinha testado Einstein durante quase 10 anos. O fazedor de dinheiro da ciência física hipotética, tentado a ir a Berlim em 1914, tinha levado um ovo extremamente valioso. Entre os físicos, a hipótese geral é vista como o trabalho mais notável de Einstein - o show-stopper que supera até mesmo os seus importantes artigos de 1905 sobre a especulação nuclear, o quantum de luz e a relatividade extraordinária.

É certo que a hipótese geral tem sido vista, desde há algum tempo, como uma das extraordinárias vitórias da ciência do século XX, uma obra-prima que se mantém no topo no que respeita à sua inovação, significado e poder de presciência. Ao suplantar a lei da gravidade de Newton da "atividade distante" com uma nova perspetiva progressiva sobre a gravidade como uma curva do tempo ambiente, Einstein estabeleceu as bases para a nossa perspetiva de vanguarda sobre o mundo nas maiores escalas, desde a forma como podemos interpretar as aberturas escuras até ao modelo de detonação Enorme do desenvolvimento do universo. Na sua hipótese da relatividade de 1905 (mais tarde designada por "hipótese extraordinária"), a exigência de Einstein de que as leis da ciência material parecessem indistinguíveis das testemunhas oculares em movimento relativo uniforme levou à expetativa de que a existência não é nem livre nem direta.

Em igualdade de circunstâncias, as testemunhas oculares que se deslocassem rapidamente, em comparação umas com as outras, encontrariam um determinado trecho da realidade de uma forma inesperada. Bem antes que esta surpreendente expetativa pudesse ser verificada por exploração, Einstein partiu em busca de uma hipótese mais ampla da relatividade - isto é, uma hipótese que pudesse retratar corpos em movimento não-uniforme (acelerado). Inquieto com o facto de a nova hipótese incorporar igualmente os impactos gravitacionais, Einstein compreendeu, para seu prazer, em 1907, que estes dois desejos eram praticamente os mesmos. Este incrível entendimento - o padrão de identidade - colocou Einstein no longo e problemático caminho para a hipótese geral da relatividade. Em Einstein's Magnum opus: 1915 and the Overall Hypothesis of Relativity, John Gribbin apresenta um registo oportuno, compacto e excecionalmente aberto da hipótese mais notável de Einstein e da sua herança atual.

Um indivíduo que se reuniu em observação de estrelas no Colégio de Sussex, Gribbin é mais popular como ensaísta científico de resultados produtivos. Os seus títulos anteriores incluem narrativas famosas da ciência atual (Science: a Set of experiences), hipóteses quânticas (Looking for Schrodinger's Feline) e cosmologia (Looking for the Huge explosion), bem como algumas histórias lógicas. Aqui, dirige a sua concentração para a história da relatividade geral, que conta a propósito da vida e da obra de Einstein em 1915. Trata-se de uma metodologia coerente em vários aspectos. Para além de criar uma história que é proeminentemente discernível, a ciência é introduzida num cenário verificável de uma forma que a torna simples de reter. Por exemplo, depois de descrever a vida inicial de Einstein e os seus anos de estudante, Gribbin fala da sua exploração inicial da mecânica mensurável. Este trabalho é muitas vezes ignorado em relatos bem conhecidos, mas estabeleceu as bases para os trabalhos de ponta de lança de Einstein em 1905.

Além disso, o criador explica como Einstein não conseguiu ultrapassar a sua regra de identidade antes da chegada da geometrização da relatividade extraordinária de Hermann Minkowski - ou antes de ter obtido o domínio adequado do cálculo diferencial para aplicar - a maneira de Minkowski lidar com cálculos dobrados. A difícil experiência de Einstein com a relatividade geral tem sido ultimamente muito analisada por investigadores de Einstein como John Stachel, Wear Howard e Jürgen Renn, e os registos da história têm sido apresentados a um nível bem conhecido em livros como, por exemplo, God's Condition de Amir Aczel, The Inquisitive History of Relativity de Jean Eisenstaedt e The Ideal Hypothesis de Pedro Ferreira.

Gribbin ocupa o seu próprio lugar neste texto; embora a sua história seja menos definida do que aquela que se vê em qualquer dos livros acima, passa habilmente os assuntos centrais da excursão de Einstein para a hipótese geral numa composição distintamente clara e breve. Deve admitir-se, no entanto, que ao colocar a narrativa da relatividade geral no cenário mais alargado da vida e obra de Einstein, o criador aposta em dar a conhecer uma história que foi muitas vezes informada anteriormente, sobretudo no quadro mental das histórias de Einstein. Para ter a certeza, há um cruzamento significativo com o livro de 1993 do próprio escritor, Einstein: a Day to day existence in Science, co-criado com Michael White. Não se trata de uma questão extraordinária a um nível básico, devido à novidade da composição e à capacidade extraordinária do criador para transmitir ideias lógicas significativas num par de frases frescas. Seja como for, há sem dúvida momentos em que o livro parece mais uma história da vida de Einstein do que uma memória da sua hipótese mais notável.

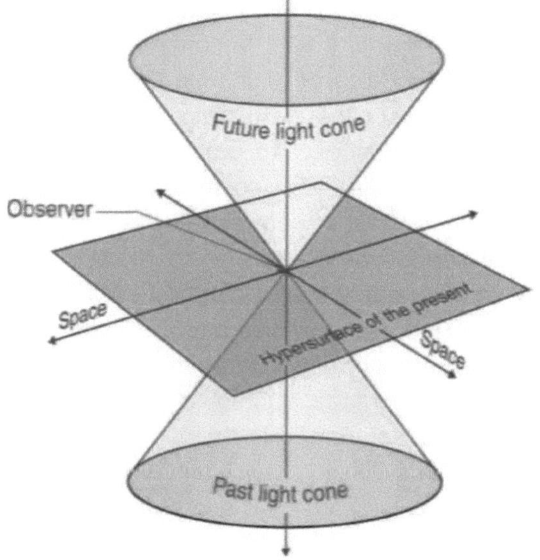

Por exemplo, a parte que trata da tradição da relatividade geral (desde testes observacionais exemplares até à função essencial da hipótese na astronomia e cosmologia actuais) é curiosamente curta e é seguida por uma secção que descreve a vida e a ciência de Einstein nos seus últimos anos. A este comentador pareceu-lhe que o segmento da "herança" teria funcionado melhor como última secção e poderia ter sido mais significativo. Especificamente, a conversa de Gribbin sobre o avanço da cosmologia relativista é muito concisa, dada a importância central da relatividade geral na cosmologia atual. Enquanto os modelos astronómicos "estáticos" de Einstein e Willem de Sitter são brevemente referenciados, não há qualquer conversa sobre a proteção de Einstein das cosmologias de mudança de tempo de Alexander Friedmann e Georges Lemaître - quando foram propostas pela primeira vez (e não é feita qualquer qualificação entre as suas metodologias completamente diferentes).

O criador também não reconhece o modelo de Lemaître de 1927 de vasto desenvolvimento e sua especulação posterior de um começo para o universo, e não há conversa sobre a mudança de Einstein para modelos de mudança de tempo do universo logo após as percepções de Edwin Hubble dos sistemas cósmicos. Estas exclusões são uma pena, uma vez que a exploração tardia mostrou que a cosmologia de Einstein oferece numerosos conhecimentos sobre os seus pontos de vista tanto sobre a relatividade como sobre a cosmologia relativista. É igualmente confuso que a extraordinária busca de Einstein por uma hipótese de campo reunido seja referenciada, verdade seja dita, momentaneamente, dado o trabalho focal da relatividade geral nesta longa jornada. Como muitos especialistas em história da ciência notaram, foi o resultado extraordinário da forma matemática de Einstein para lidar com a relatividade geral que estabeleceu as bases para a sua convicção inabalável de que o caminho para a unificação estava em especulações adicionais das condições de campo (uma convicção que foi partilhada por Erwin Schrodinger).

Princípios fundamentais da Relatividade Especial e Geral

As teorias da relatividade especial e geral de Albert Einstein são contribuições monumentais para a física, cada uma delas alterando fundamentalmente a nossa compreensão do espaço, do tempo e da gravidade.

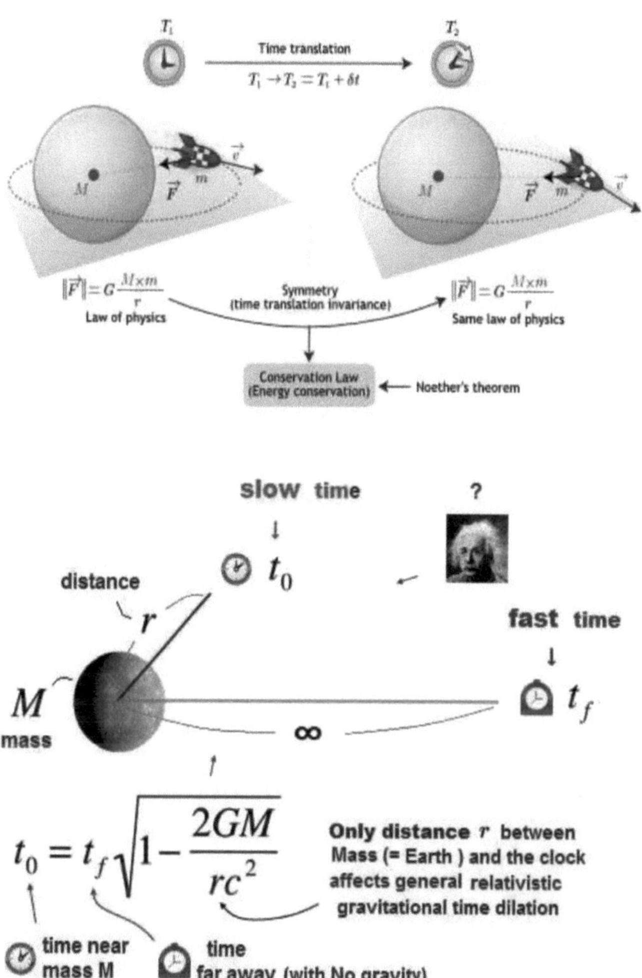

$$t_0 = t_f \sqrt{1 - \frac{2GM}{rc^2}}$$

Relatividade Especial (1905)

1. Princípio da Relatividade: As leis da física são as mesmas em todos os referenciais inerciais, ou seja, em qualquer referencial que não esteja a acelerar. Isto implica que nenhuma experiência física (excluindo as que envolvem a gravidade) realizada num referencial em movimento (velocidade constante) produzirá resultados diferentes de uma experiência realizada num referencial estacionário.

2. Constância da velocidade da luz: No vácuo, a velocidade da luz é constante e será sempre medida com o mesmo valor ($c \approx 299.792.458$ m/s), independentemente do movimento da fonte ou do observador. Este postulado contraria a ideia clássica de que as velocidades são aditivas (por exemplo, se correr para a frente num passadiço em movimento, a sua velocidade em relação ao solo é a soma da sua velocidade com a velocidade do passadiço).

3. Dilatação do tempo: O tempo parece mover-se mais lentamente para um relógio que se move em relação ao observador. Este efeito é descrito pelo fator de Lorentz e foi confirmado por experiências que envolveram partículas em movimento muito rápido e relógios atómicos em aviões. Por exemplo, um relógio de uma nave espacial que viaja a fracções significativas da velocidade da luz, faria um tique-taque mais lento do que um relógio estacionário na Terra.

4. Contração do comprimento: Os objectos que se movem a uma fração significativa da velocidade da luz parecem mais curtos na direção do movimento em relação a um observador estacionário. Esta contração também depende do fator de Lorentz e só se torna percetível a velocidades próximas da velocidade da luz.

5. Relatividade da Simultaneidade: Os acontecimentos que são simultâneos num quadro de referência não têm de ser simultâneos noutro quadro que se esteja a mover em relação ao primeiro. Este conceito põe em causa a noção clássica de tempo absoluto e demonstra que as observações do tempo e do espaço dependem do movimento do observador.

Relatividade Geral (1915)

1. Princípio da Equivalência: Não existe qualquer diferença observável entre os efeitos gravitacionais e os efeitos da aceleração. Por exemplo, estar numa nave espacial no espaço profundo a acelerar a 29,81 *m/s2* (a aceleração devida à gravidade da Terra) é indistinguível de estar na superfície da Terra, com a gravidade a puxar-nos para baixo.

2. Curvatura do Espaço-Tempo: A massa e a energia podem curvar o espaço-tempo, e esta curvatura determina a forma como os objectos se movem. Em vez de pensar na gravidade como uma força que actua à distância (como fez Newton), a relatividade geral descreve a gravidade como o efeito da curvatura no tecido tetradimensional do espaço-tempo causada por objectos maciços.

3. Movimento Geodésico: Os objectos movem-se ao longo de trajectórias chamadas geodésicas, que representam o caminho mais reto possível num espaço-tempo curvo. A curvatura aparente de uma trajetória (como a órbita de um planeta em torno do Sol) deve-se à curvatura do espaço-tempo e não a uma força que actua entre os objectos.

4. Deflexão da luz e dilatação gravitacional do tempo: Os raios de luz que passam perto de um objeto maciço são desviados devido à curvatura do espaço-tempo, um efeito confirmado durante o eclipse solar de 1919. Além disso, o tempo passa a ritmos diferentes em regiões de potencial gravitacional diferente; os relógios funcionam mais lentamente em campos gravitacionais mais fortes.

5. Ondas gravitacionais: As alterações no campo gravitacional propagam-se através do espaço-tempo sob a forma de ondas. Estas foram previstas por Einstein e primeiro confirmadas indiretamente por observações de pulsares binários e depois detectadas diretamente pelo LIGO em 2015.

Ambas as teorias desafiam as nossas experiências quotidianas da gravidade e do movimento, fornecendo um quadro mais complexo, mas profundamente preciso, para a compreensão do cosmos. Estes princípios não só revolucionam a física, como também fornecem ferramentas essenciais para as tecnologias modernas, como o GPS, e continuam a orientar a investigação contemporânea em cosmologia e astrofísica.

Impacto da Relatividade na Física Moderna

O impacto da relatividade na física moderna é profundo e extenso, influenciando muitos aspectos da compreensão científica, desde o domínio microscópico da mecânica quântica até à escala macroscópica da cosmologia. Eis as principais formas em que a relatividade moldou a física moderna:

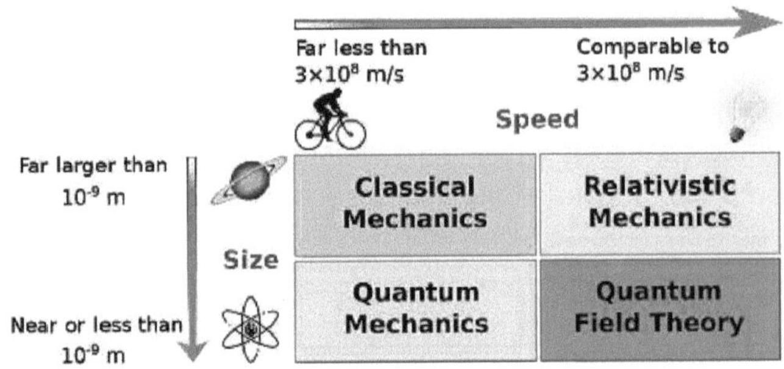

Conceito de espaço e tempo: Antes da teoria da relatividade de Albert Einstein, o espaço e o tempo eram vistos como entidades absolutas e independentes. A relatividade especial introduziu a ideia de que o espaço e o tempo estão interligados num único continuum conhecido como espaço-tempo. Eventos que ocorrem ao mesmo tempo para um observador podem ocorrer em momentos diferentes para outro, dependendo do seu movimento relativo.

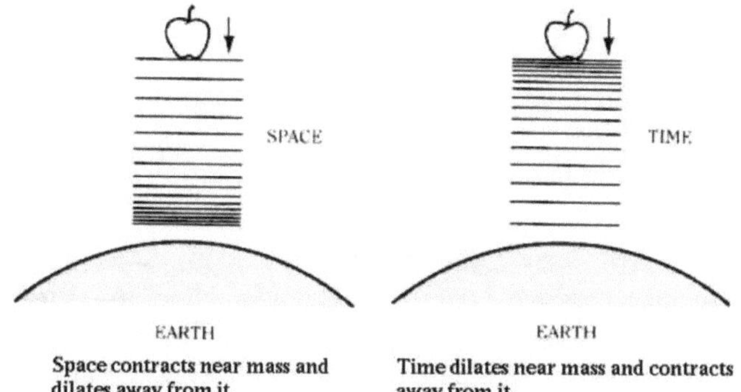

Space contracts near mass and dilates away from it.

Time dilates near mass and contracts away from it.

Simultaneidade: A relatividade especial pôs em causa o conceito newtoniano de simultaneidade absoluta. De acordo com a relatividade, a simultaneidade é relativa e depende do estado de movimento do observador. Este facto tem implicações profundas na compreensão da causalidade e da sequência de acontecimentos no universo.

Velocidade da luz: Um dos dois postulados da relatividade especial é que a velocidade da luz no vácuo é constante e é a mesma para todos os observadores, independentemente do seu movimento relativo. Esta constância leva a efeitos como a dilatação do tempo e a contração do comprimento para objectos que se movem perto da velocidade da luz em relação a um observador.

Equivalência entre massa e energia: A famosa equação de Einstein *E=mc2* surgiu da sua teoria da relatividade especial, indicando que a massa e a energia são permutáveis. Este princípio tem sido crucial para a física nuclear, explicando a energia libertada nos processos de fissão e fusão nucleares. É também essencial na cosmologia, com impacto no ciclo de vida das estrelas e na formação de buracos negros.

Relatividade Geral e Gravidade: A teoria geral da relatividade de Einstein, que se seguiu à relatividade especial, redefiniu a gravidade. Em vez de ser uma força entre massas, como Newton propôs, a relatividade geral descreve a gravidade como a curvatura do espaço-tempo causada pela massa e pela energia. Esta nova visão da gravidade foi confirmada por muitas experiências e observações, como a curvatura da luz pela gravidade, a órbita precisa dos planetas e as trajectórias da luz em torno de objectos maciços. Cosmologia: A relatividade geral é a base da cosmologia moderna. Prevê um universo dinâmico, que tanto pode estar a expandir-se como a contrair-se, ao contrário do modelo de universo estático que a precedeu. As observações de galáxias distantes e da radiação cósmica de fundo em micro-ondas têm apoiado a teoria de que o nosso Universo está em expansão, uma previsão que deriva da relatividade geral.

Buracos Negros e Objectos Compactos: As previsões da relatividade geral levaram à descoberta teórica dos buracos negros - regiões do espaço-tempo que exibem efeitos gravitacionais tão fortes que nada, nem mesmo partículas e radiação electromagnética como a luz, pode escapar do seu interior. O estudo dos buracos negros revolucionou a astrofísica de altas energias, conduzindo a novas teorias que ligam a mecânica quântica à teoria gravitacional.

Sistema de Posicionamento Global (GPS): A relatividade geral é essencial para a funcionalidade de sistemas como o GPS, que se baseia na precisão do tempo para calcular com exatidão as posições. Os relógios dos satélites GPS registam o tempo de forma diferente dos relógios da Terra, uma discrepância que tem de ser corrigida utilizando os princípios da relatividade geral.

Ondas gravitacionais: Previstas por Einstein em 1916, as ondas gravitacionais foram detectadas diretamente um século mais tarde, em 2016. Estas ondulações no espaço-tempo são geradas por alguns dos processos mais violentos e energéticos do Universo, como a colisão de buracos negros ou a explosão de estrelas. Esta descoberta abriu uma nova forma de observar o universo, conduzindo à era da astronomia multi-mensageiro.

Fundamentos da espiritualidade humana

As origens da espiritualidade remontam frequentemente ao período do Paleolítico Superior, há cerca de 40 000 anos, quando os primeiros seres humanos exibiram comportamentos que sugerem uma crença em algo superior a si próprios. Este facto é evidenciado pelos locais de enterramento onde os corpos eram enterrados com bens como ferramentas e ornamentos, o que implica a crença numa vida após a morte ou na santidade do falecido. As pinturas rupestres, como as encontradas em Lascaux, França, retratam animais e figuras humanas de formas que sugerem um significado ritualístico ou cerimonial, possivelmente reflectindo práticas animistas primitivas em que se acreditava que os espíritos habitavam objectos e fenómenos naturais.

Com o advento do período neolítico e o desenvolvimento da agricultura por volta de 10 000 a.C., as comunidades humanas tornaram-se mais fixas e as práticas espirituais evoluíram para refletir estas mudanças. A construção de estruturas megalíticas, como Stonehenge, em Inglaterra, e os túmulos de passagem de Newgrange, na Irlanda, por volta de 3200 a.C., indica uma compreensão sofisticada da astronomia e uma profunda reverência espiritual pelo cosmos, provavelmente ligada aos ciclos agrícolas e às estações do ano.

À medida que as civilizações se desenvolveram na Mesopotâmia, no Egipto, no Vale do Indo e na China, também se desenvolveram formas organizadas de espiritualidade. Na antiga Mesopotâmia, os sumérios veneravam um panteão de deuses que se acreditava controlarem todos os aspectos da vida e da natureza. Este facto levou ao desenvolvimento de zigurates, que eram complexos de templos maciços dedicados a estas divindades. Do mesmo modo, a religião egípcia antiga centrava-se na adoração de deuses associados a fenómenos naturais e ao faraó, que se acreditava ser divino. Os elaborados rituais em torno da morte e da vida após a morte, exemplificados pela construção das pirâmides, realçam a importância da espiritualidade na sociedade egípcia.

Nas tradições orientais, o aparecimento do hinduísmo no vale do Indo apresentou um quadro complexo de deuses, deusas e práticas espirituais, com textos como os Vedas a constituírem a literatura espiritual fundamental por volta de 1500 a.C. A paisagem espiritual da Índia diversificou-se ainda mais com o advento do budismo e do jainismo, por volta do século VI a.C., ambos enfatizando a libertação espiritual pessoal através da auto-disciplina, da meditação e da não-violência.

A idade axial, aproximadamente entre 800 e 200 a.C., marcou uma transformação significativa do pensamento espiritual em várias regiões. Na China, este período assistiu ao aparecimento do confucionismo e do taoísmo, cada um deles propondo caminhos distintos para a harmonia e o equilíbrio da vida. Confúcio enfatizava a vida ética e a harmonia social, enquanto o taoísmo de Laozi defendia o regresso à ordem natural e à simplicidade.

No mundo mediterrânico, a filosofia grega antiga abordou a espiritualidade através das obras de Platão e Aristóteles, que exploraram a natureza da alma e as dimensões éticas da vida humana. Entretanto, os hebreus desenvolveram o monoteísmo, a crença num único Deus, o que constituiu um afastamento significativo das tradições politeístas dos seus vizinhos. Esta tradição monoteísta lançou as bases do cristianismo e do islamismo, que mais tarde se tornariam as principais religiões do mundo.

O cristianismo, enraizado nos ensinamentos de Jesus Cristo, começou por ser uma pequena seita judaica, mas cresceu até dominar a paisagem espiritual do Império Romano no século IV d.C., em grande parte graças à sua mensagem universal e à sua estrutura organizacional. Com a queda do Império Romano, a

Igreja Cristã tornou-se uma força espiritual e política dominante na Europa, o que levou ao estabelecimento do monaquismo e à difusão da doutrina cristã.

O Islão, fundado pelo Profeta Maomé no século VII d.C., na Arábia, espalhou-se rapidamente pelo Médio Oriente, Norte de África e partes da Ásia e da Europa, trazendo consigo um novo enquadramento espiritual que enfatizava a submissão à vontade de Alá, tal como descrita no Alcorão. A Idade de Ouro islâmica, entre os séculos VIII e XIV, foi um período de enorme crescimento intelectual e cultural, em que os estudiosos das terras muçulmanas fizeram avanços significativos em domínios como a medicina, a matemática, a astronomia e a filosofia.

O período do Renascimento na Europa, que teve início por volta do século XIV, marcou um interesse renovado pelas ideias espirituais e filosóficas do passado clássico, misturado com uma ênfase crescente no potencial humano e no individualismo. Isto preparou o terreno para a Reforma no século XVI, onde figuras como Martinho Lutero desafiaram as práticas da Igreja Católica, levando à proliferação de denominações protestantes e a uma maior ênfase na fé pessoal e na relação direta com Deus.

Nos tempos modernos, a espiritualidade tornou-se ainda mais pluralista e entrelaçada com movimentos globais. Os séculos XIX e XX assistiram ao aparecimento de movimentos da Nova Era, que frequentemente combinam tradições espirituais orientais e ocidentais, juntamente com um movimento secular crescente que dá ênfase a uma vida ética sem crenças religiosas ou espirituais. Além disso, o aumento do diálogo inter-religioso no século XXI reflecte um mundo cada vez mais interligado, onde a compreensão e a integração de diversas perspectivas espirituais são vistas como essenciais para a harmonia e a paz globais.

Em conclusão, a história da espiritualidade humana é uma história complexa e em constante evolução, que reflecte a diversidade da cultura e do pensamento humanos. Desde as práticas animistas dos povos pré-históricos até às sofisticadas teologias das religiões modernas, a espiritualidade tem-se adaptado continuamente para ir ao encontro das necessidades e compreensões de diferentes tempos e lugares, fornecendo sempre um enquadramento através do qual os indivíduos e as comunidades compreendem o seu lugar no cosmos e os mistérios da vida e da morte.

Definições e perspectivas da espiritualidade

A espiritualidade é um conceito multifacetado que pode ser percebido e definido através de várias perspectivas, cada uma fornecendo uma visão única da experiência humana do sagrado ou transcendente. Em termos religiosos, a espiritualidade é muitas vezes vista como a relação pessoal e interior com um ser ou força divina, enfatizando a experiência pessoal, o ritual e a ligação a um poder superior, como se vê no cristianismo, no islamismo, no hinduísmo e noutras grandes religiões. De uma perspetiva filosófica, a espiritualidade pode ser explorada como uma investigação sobre a natureza da existência, a busca da verdade suprema ou a procura de um significado moral ou existencial para além do mundo material, exemplificada nas obras de Platão, Descartes ou mesmo dos existencialistas modernos.

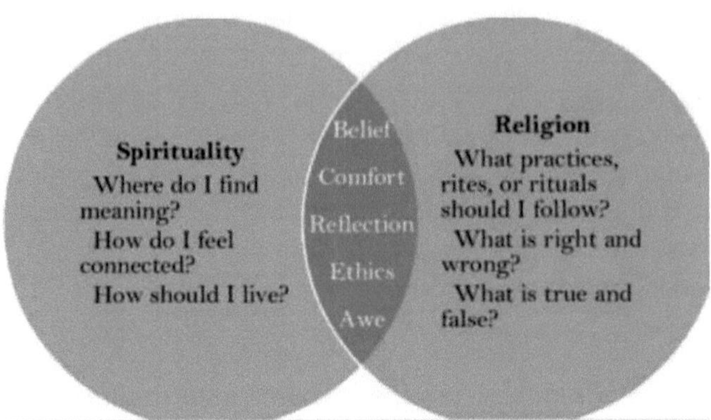

Psicologicamente, a espiritualidade está frequentemente ligada à procura de realização, paz interior e compreensão de si próprio e dos outros. Envolve práticas e crenças que ajudam os indivíduos a lidar com os desafios da vida, a melhorar a sua saúde mental e a alcançar o crescimento pessoal. A espiritualidade da Nova Era dá ênfase à transformação pessoal através de várias tradições espirituais e místicas, defendendo uma abordagem eclética e individualista. Enquanto isso, a espiritualidade secular enfatiza princípios humanistas como compaixão, atenção plena e interconexão, sem necessariamente fazer referência a uma entidade divina. Cada perspetiva sublinha diferentes aspectos da espiritualidade, mas todas apontam para uma inclinação humana para procurar significado, objetivo e ligação na vida.

⸸ Visões históricas e culturais da espiritualidade

Fundações antigas e tradições tribais As raízes da espiritualidade podem ser rastreadas até aos tempos pré-históricos, quando os primeiros seres humanos se envolviam em rituais e práticas que expressavam reverência pela natureza e pelo cosmos. As pinturas rupestres, como as encontradas em

Lascaux, França, sugerem formas primitivas de expressão espiritual, incorporando temas de sobrevivência, caça e misticismo. As sociedades tribais de todo o mundo, desde os nativos americanos até aos aborígenes australianos, desenvolveram sistemas espirituais complexos que envolviam frequentemente o animismo - a crença de que os objectos e fenómenos naturais têm uma essência espiritual.

Tradições orientais No mundo oriental, o desenvolvimento das principais religiões trouxe doutrinas e práticas estruturadas que continuaram a moldar as perspectivas espirituais. O hinduísmo, uma das religiões mais antigas, introduziu uma rica tapeçaria de deuses, deusas e práticas espirituais com o objetivo de alcançar moksha, ou seja, a libertação do ciclo de renascimento. O Budismo, fundado por Siddhartha Gautama no século VI a.C., oferecia um caminho para a iluminação através de práticas como a meditação, a conduta ética e a sabedoria. Entretanto, o taoísmo na China enfatizava a vida em harmonia com o Tao, uma ordem intrínseca do universo, defendendo a simplicidade e a espontaneidade.

Filosofia Clássica A paisagem espiritual do mundo ocidental foi significativamente influenciada pelos filósofos gregos e romanos. Sócrates, Platão e Aristóteles exploraram questões sobre a virtude, a alma e a vida após a morte, tecendo investigações filosóficas no tecido do pensamento espiritual. Os estóicos e epicuristas desenvolveram sistemas de crenças que enfatizavam a resiliência e a busca da tranquilidade, contribuindo para uma compreensão mais ampla da condição humana e do bem-estar espiritual.

Desenvolvimentos monoteístas A ascensão das religiões monoteístas marcou uma mudança fundamental na história espiritual. O judaísmo apresentou um Deus singular e omnipotente, profundamente pessoal e diretamente envolvido nos assuntos históricos e morais da humanidade. O cristianismo, que emergiu das tradições judaicas, centrou-se na vida e nos ensinamentos de Jesus Cristo, cuja mensagem de amor, redenção e vida eterna transformou a paisagem espiritual do mundo ocidental. O Islão, fundado pelo Profeta Maomé no século VII d.C., enfatizou a submissão a Alá e um guia completo para a vida através do Alcorão, moldando a vida espiritual de milhões de pessoas em todo o mundo.

Misticismo e Reforma Medieval A Idade Média assistiu ao florescimento do misticismo tanto no Cristianismo como no Islão. Os místicos cristãos, como Santa Teresa de Ávila e São João da Cruz, exploraram experiências profundas de união com o divino através da contemplação e da oração. No mundo islâmico, o sufismo surgiu com um enfoque semelhante na experiência interior e mística de Deus, exemplificado por poetas como Rumi.

O Iluminismo **e a Modernidade** O Iluminismo trouxe uma nova ênfase na razão e nas provas empíricas, desafiando as autoridades e doutrinas espirituais tradicionais. Pensadores como Descartes, Kant e Voltaire questionaram o papel da religião e da espiritualidade na sociedade, abrindo caminho para o secularismo. No entanto, este período também assistiu ao aparecimento de novos movimentos espirituais que procuravam conciliar a ciência e a razão modernas com as crenças espirituais, como os transcendentalistas liderados por Ralph Waldo Emerson e Henry David Thoreau na América.

Espiritualidade contemporânea Nos séculos XX e XXI, a espiritualidade tornou-se cada vez mais pluralista e desligada das filiações religiosas tradicionais. O movimento da Nova Era e outras tendências espirituais têm enfatizado o crescimento pessoal, a consciência ecológica e a consciência global. Os avanços tecnológicos e a conetividade global também facilitaram uma abordagem mais eclética da espiritualidade, permitindo aos indivíduos misturar, combinar e integrar diversas tradições e práticas.

Ao longo da história, a espiritualidade tem sido um espelho que reflecte as aspirações, as lutas e as profundas percepções humanas sobre a natureza da existência, o cosmos e o divino. Dos antigos rituais dos seres humanos pré-históricos às sofisticadas investigações filosóficas dos gregos, do profundo misticismo do período medieval às investigações cépticas do Iluminismo, e das práticas religiosas tradicionais aos caminhos espirituais personalizados dos nossos dias, a evolução da espiritualidade continua a ser parte integrante da história humana, moldando e sendo moldada pela procura contínua de significado e ligação num mundo em constante mudança.

Os pontos de vista culturais sobre a espiritualidade reflectem uma vasta e variada tapeçaria de crenças, práticas e interpretações que evoluíram em todo o mundo ao longo de milénios.

Perspectivas Indígenas As culturas indígenas, com as suas ligações profundamente enraizadas à terra e à comunidade, oferecem percepções espirituais profundas que realçam a interligação da vida. Para os nativos americanos, a espiritualidade está muitas vezes ligada à Terra, aos elementos e a todos os seres vivos, incorporada em práticas e cerimónias que visam manter o equilíbrio e a harmonia no universo. Na Austrália, a espiritualidade aborígene baseia-se no conceito de Dreamtime (Tempo de Sonho), uma era sagrada da criação que liga o passado ao presente e ao futuro, onde os espíritos ancestrais moldaram a paisagem e incutiram as leis da existência.

Espiritualidade oriental Na Ásia, a espiritualidade está profundamente enraizada no tecido da vida quotidiana e deu origem a algumas das principais filosofias religiosas do mundo. O hinduísmo, com a sua diversidade de divindades e doutrinas, vê a vida como um ciclo de nascimento, morte e renascimento, com o objetivo final de alcançar Moksha - a libertação deste ciclo. O budismo, que também teve origem na Índia, segue um caminho de desenvolvimento espiritual que conduz à realização do Nirvana, um estado de libertação e de ausência de sofrimento. Na China, o confucionismo e o taoísmo concentram-se em viver em harmonia com o Tao (o Caminho) e enfatizam as virtudes morais e o respeito pelo mundo ancestral e natural.

Visões do Médio Oriente A espiritualidade do Médio Oriente é predominantemente moldada pelas religiões abraâmicas: Judaísmo, Cristianismo e Islão. O judaísmo está profundamente ligado à história e às leis transmitidas através dos seus textos sagrados, com um forte enfoque na comunidade e na relação de aliança com Deus. O cristianismo, de origem judaica, centra-se na vida e nos ensinamentos de Jesus Cristo e oferece um caminho espiritual marcado pela fé, esperança e caridade. O Islão dá ênfase à submissão total a Alá, com o Alcorão a fornecer orientações pormenorizadas sobre a vida espiritual e quotidiana, defendendo uma comunidade baseada na justiça e na piedade pessoal.

Tradições espirituais africanas Em África, a espiritualidade está frequentemente ligada à vida comunitária, aos rituais e à veneração dos antepassados. Muitas religiões africanas são animistas, com a crença em espíritos que habitam objectos naturais e governam os aspectos fundamentais da vida. Estas crenças são expressas através de rituais, dança e música, que são vistos como formas vitais de comunicar com o mundo espiritual e procurar a orientação dos antepassados. O conceito de Ubuntu na África Austral realça a crença num laço universal que liga toda a humanidade: "Eu sou porque nós somos".

Contexto Histórico Europeu A espiritualidade europeia tem sido predominantemente moldada pelo Cristianismo, embora as crenças e práticas antigas das tradições pagãs também tenham desempenhado um papel importante. Durante a Idade Média, o cristianismo dominou o discurso espiritual europeu, mas o Renascimento e o Iluminismo trouxeram uma exploração mais alargada da espiritualidade através da filosofia, da ciência e da arte. Nos tempos modernos, os movimentos da Nova Era e o ressurgimento do interesse pelas tradições pagãs e esotéricas alargaram o panorama espiritual, dando ênfase ao crescimento pessoal e às preocupações ecológicas.

Perspectivas Modernas Globalizadas Nos tempos actuais, a espiritualidade tornou-se mais pluralista e individualizada devido à globalização. As pessoas têm mais acesso a diferentes tradições e filosofias espirituais do que nunca, o que leva a uma mistura de práticas espirituais que podem incorporar elementos de práticas meditativas orientais, psicoterapia ocidental, rituais indígenas e aplicações de mindfulness da era digital. Esta abordagem sincrética reflecte um movimento cultural global no sentido da inclusão e da personalização da expressão espiritual.

O **papel da tecnologia e da modernidade** O avanço da tecnologia também transformou as visões culturais sobre a espiritualidade. A Internet tornou diversos recursos espirituais acessíveis a um público mais vasto, permitindo que as pessoas explorem e adoptem práticas e crenças espirituais que não são nativas do seu contexto cultural. Além disso, a ciência moderna e a espiritualidade estão a começar a encontrar um terreno comum nas discussões sobre a consciência, o universo e a natureza da realidade, levando a novas interpretações e abordagens integradoras de antigas questões espirituais.

Em conclusão, as visões culturais sobre a espiritualidade são diversas e estão a evoluir. Elas fornecem uma janela para a forma como as diferentes sociedades entendem o mundo, seu lugar nele e suas conexões com os outros e com o cosmos. Apesar desta diversidade, um traço comum a muitas tradições espirituais é a procura de uma compreensão dos mistérios da vida e de uma ligação mais profunda com algo maior do que nós próprios - quer seja expressa através da religião, da filosofia, da prática comunitária ou da reflexão pessoal. À medida que as culturas continuam a interagir e a influenciar-se mutuamente no nosso mundo globalizado, o futuro da espiritualidade promete uma diversidade ainda mais rica e uma integração mais profunda.

Práticas e crenças espirituais em todo o mundo

Hinduísmo

O hinduísmo, uma das religiões mais antigas do mundo, originária da Índia, engloba um vasto espetro de crenças e práticas. No centro da espiritualidade hindu está o conceito de dharma (ordem moral), karma (ação e reação subsequente) e moksha (libertação do ciclo de vida e morte). As práticas hindus incluem rituais como puja (adoração), que frequentemente envolve oferendas a divindades, meditação, ioga e participação em festivais como Diwali (o festival das luzes) e Holi (o festival das cores).

O karma, outro conceito fundamental, envolve a crença de que cada ação tem consequências correspondentes. Este princípio encoraja os adeptos a viver uma vida de responsabilidade e retidão, uma vez que as suas acções actuais afectam diretamente o seu futuro, tanto nesta vida como nos ciclos de reencarnação. Moksha, que significa libertação, representa o objetivo final da existência humana no Hinduísmo. É a libertação do samsara, o ciclo de vida, morte e renascimento, motivada pela realização do nosso verdadeiro eu e da unidade subjacente a toda a existência.

- **Ahimsa** - Because all forms of animal life possess souls, Hindus believe in ahimsa, or that all life is _sacred_ and should not be _harmed_. In fact, one Hindus consider the cow to be extremely sacred.
- **Dharma** – _Duties_ **of caste**
- **Karma** – accumulation of _good/bad deeds_ during life; When moral code followed endless cycle of birth, death, reincarnation ends
- **Samsara** – The endless cycle of _death and rebirth (wheel of life)_
- **Moksha** – release from _cycle of death/rebirth_ unity of _atman_ with Brahman

As práticas hindus são tão diversas como as suas crenças. Os rituais, como o puja (adoração), desempenham um papel central e envolvem frequentemente oferendas a uma ou mais divindades, recitação de escrituras e entoação de mantras. Estes actos de devoção são realizados em templos e lares e constituem uma parte essencial da vida quotidiana de muitos hindus. A meditação e o ioga são outras práticas importantes, vistas como caminhos para o bem-estar físico e a mestria espiritual. O ioga, em particular, não é apenas uma forma de exercício, mas uma disciplina meditativa e espiritual que ajuda a alcançar a clareza mental e uma visão espiritual mais profunda.

O hinduísmo também coloca uma forte ênfase no poder da experiência pessoal e da iluminação. Como resultado, está aberto a uma vasta gama de interpretações filosóficas. Alguns hindus inclinam-se para o monoteísmo, adorando uma divindade acima de todas as outras, enquanto outros praticam o politeísmo. Outro grupo pode concentrar-se nos aspectos filosóficos do hinduísmo, explorando as questões metafísicas sem a adoração ativa de divindades.

Esta flexibilidade permitiu ao hinduísmo adaptar-se

continuamente e prosperar ao longo de milhares de anos de mudanças sociais e interacções culturais.

O carácter inclusivo da religião pode ser visto nos seus muitos festivais, celebrados com grande pompa e espetáculo em todo o mundo. O Diwali, o festival das luzes, simboliza a vitória da luz sobre as trevas e do conhecimento sobre a ignorância. O Holi, o festival das cores, celebra a chegada da primavera e é marcado pela alegria social, em que as pessoas se mancham umas às outras com cores, num gesto para esquecer as queixas do passado e celebrar a vida de novo. Estas festas não só reforçam o aspeto comunitário da religião, como também transmitem os seus valores e histórias através das gerações.

Em resumo, o hinduísmo é uma tapeçaria ricamente tecida de mitologias, rituais e filosofias. Os seus seguidores não estão ligados por um único livro sagrado, mas por uma busca colectiva da verdade, guiada por diversas escrituras como os Vedas, os Upanishads, o Bhagavad Gita e os épicos do Mahabharata e do Ramayana. Cada texto contribui para a compreensão que a religião tem do universo e do lugar do indivíduo no mesmo. Este vasto e complexo sistema de fé oferece múltiplos caminhos para o divino, acomodando as variadas necessidades espirituais e temperamentos dos seus adeptos. À medida que continua a evoluir, o hinduísmo continua a ser um testemunho profundo da busca do espírito humano pela verdade suprema, tornando-o um estudo único e fascinante da busca da humanidade por um significado para além do mundo material.

Budismo

Fundado por Siddhartha Gautama (o Buda) no século V a.C., o Budismo centra-se no alívio do sofrimento e no caminho para a iluminação. Os conceitos centrais incluem as Quatro Nobres Verdades, que diagnosticam a condição humana e prescrevem uma cura, e o Caminho Óctuplo, que fornece orientação ética e mental. A meditação, a atenção plena e os retiros são práticas budistas comuns destinadas a desenvolver uma visão mais profunda da natureza da realidade e a cultivar a compaixão e a sabedoria.

O núcleo do ensinamento budista gira em torno das Quatro Nobres Verdades. A primeira verdade, Dukkha, reconhece que o sofrimento, a insatisfação e o desconforto são partes inerentes da vida humana. A segunda verdade, Samudaya, identifica o desejo, o apego e a ignorância como as principais causas deste sofrimento. A terceira verdade, Nirodha, postula que, ao eliminar essas causas, também se pode eliminar o sofrimento. Finalmente, a quarta verdade, Magga, prescreve o Caminho Óctuplo como o meio através do qual se pode alcançar esta eliminação, atingindo assim a libertação espiritual.

O Caminho Óctuplo oferece um guia abrangente para o desenvolvimento ético e mental, estruturado em três categorias fundamentais: sabedoria, conduta ética e disciplina mental. O caminho inclui a Compreensão Correcta e as Intenções Correctas (sabedoria), a Fala Correcta, a Ação Correcta e o Modo de Vida Correto (conduta ética) e o Esforço Correto, a Atenção Plena e a Concentração Correcta (disciplina mental). Esta abordagem ajuda os indivíduos a cultivar uma vida equilibrada que conduz à harmonia pessoal e comunitária.

A meditação é fundamental para a prática budista e apresenta-se sob várias formas, como Vipassana (meditação de insight) e Samatha (meditação de tranquilidade), cada uma com técnicas e objectivos diferentes, mas que visam, em última análise, refinar a mente e aprofundar a perceção da natureza da realidade. A atenção plena, ou seja, a prática de estar presente e totalmente envolvido com o que quer que se esteja a fazer, sem reacções exageradas ou sem se deixar dominar pelo que se passa à sua volta, é outra prática fundamental. Ajuda os praticantes a manter uma mente calma e concentrada, capaz de confrontar a natureza impermanente de todas as coisas, o que é essencial para o desenvolvimento de uma profunda compaixão e sabedoria.

Os retiros budistas, quer em ambientes monásticos quer em centros de meditação para leigos, proporcionam tempo e espaço dedicados ao aprofundamento da prática. Estes retiros podem variar em termos de duração e intensidade, mas são geralmente períodos de meditação e estudo intensos, concebidos para fomentar um crescimento espiritual e uma visão significativa.

Para além destas práticas, os ensinamentos budistas enfatizam o desenvolvimento de qualidades positivas como a compaixão, a equanimidade e a bondade amorosa. Estas virtudes são cultivadas através de práticas meditativas e do envolvimento ativo em actos de bondade e serviço, reflectindo a abordagem holística do budismo ao desenvolvimento espiritual - que envolve a transformação da mente e do coração.

Ao longo dos séculos, o budismo evoluiu para numerosas escolas e seitas com doutrinas e práticas variadas, incluindo Theravada, Mahayana e Vajrayana (budismo tibetano), cada uma com a sua ênfase única, mas todas mantendo os ensinamentos fundamentais de Buda. Esta diversidade reflecte a adaptabilidade do Budismo a diferentes contextos culturais e o apelo universal dos seus ensinamentos, que continuam a atrair seguidores em todo o mundo que procuram a paz, a compreensão e a iluminação.

O cristianismo

O cristianismo, baseado nos ensinamentos de Jesus Cristo, enfatiza doutrinas como a crença num Deus único, a natureza divina de Jesus e a importância da crucificação e ressurreição de Jesus para a salvação. As práticas variam muito entre as denominações (católica, ortodoxa, protestante e outras), mas normalmente incluem a oração, a leitura da Bíblia, os serviços de culto e os sacramentos, como a Eucaristia e o Batismo. O cristianismo tem também uma forte tradição de monaquismo, caracterizado por uma vida dedicada à oração, à contemplação e ao serviço.

As práticas cristãs e as expressões de fé variam significativamente entre as diferentes denominações, mas há vários elementos centrais que unem a maioria dos cristãos. A oração é fundamental, servindo como meio de comunicação com Deus, expressando adoração, confissão, ação de graças e súplica. A leitura da Bíblia é também central, uma vez que contém o Antigo e o Novo Testamento, que são considerados a Palavra inspirada de Deus e a base autorizada para a fé e a prática.

Os serviços de culto são outro aspeto comum, proporcionando aos cristãos a oportunidade de se reunirem para glorificar a Deus, ouvir a Sua Palavra e participar em vários sacramentos, que são ritos que se crê terem sido instituídos por Cristo. Os sacramentos mais praticados são o Batismo e a Eucaristia. O batismo, que pode ser efectuado por aspersão, derramamento ou imersão, simboliza a purificação dos pecados e a incorporação do crente na comunidade cristã. A Eucaristia, ou Sagrada Comunhão, envolve a partilha do pão e do vinho em memória da Última Ceia de Jesus, um ritual que significa a Nova Aliança entre Deus e a humanidade, tornada possível através do sacrifício de Jesus.

A variedade de denominações cristãs inclui ramos católicos, ortodoxos e protestantes, cada um com a sua própria ênfase teológica e tradições litúrgicas. A Igreja Católica, guiada pelo Papa, enfatiza a tradição e a autoridade da igreja juntamente com as Escrituras. Ortodoxa

O cristianismo, com as suas raízes históricas na Europa Oriental e no Médio Oriente, coloca uma forte ênfase na continuidade com a igreja primitiva e as suas liturgias. O protestantismo, que surgiu no século XVI durante a Reforma, abrange um vasto leque de denominações, como a luterana, a anglicana, a batista, a metodista e muitas outras, cada uma com doutrinas distintas, mas geralmente unidas pelos princípios da justificação apenas pela fé e da primazia da Bíblia.

O monaquismo cristão, que encarna uma vida dedicada à oração, à contemplação e ao serviço, representa outra tradição vibrante no seio do cristianismo. Com origem nos primeiros séculos da Igreja, a vida monástica pode envolver uma vida comunitária em mosteiros ou um estilo de vida mais eremítico, centrado na oração individual e no ascetismo. Os monges fazem frequentemente votos de pobreza, castidade e obediência para se dedicarem totalmente ao trabalho espiritual, que também pode incluir a organização de retiros, a educação e a participação em actividades de caridade.

Ao longo da sua história, o cristianismo tem sido não só uma fonte de orientação espiritual, mas também uma poderosa influência nas artes, na cultura, na filosofia e na política em todo o mundo. Os seus ensinamentos inspiraram numerosas organizações de caridade, movimentos de justiça social e esforços de paz e reconciliação em diversas comunidades de todo o mundo. A expansão global do cristianismo, a sua adaptabilidade cultural e a sua capacidade de renovação através da reforma e do reavivamento fazem dele uma presença dinâmica e duradoura na paisagem religiosa do mundo.

Islão

O Islão, que surgiu no século VII d.C. na Arábia através do profeta Maomé, gira em torno da submissão à vontade de Alá (Deus). Os cinco pilares são fundamentais para o Islão: Shahada (fé), Salat (oração), Zakat (esmola), Sawm (jejum durante o Ramadão) e Hajj (peregrinação a Meca). O sufismo, ou misticismo islâmico, dá ênfase à experiência pessoal interior de Deus e inclui práticas como o dhikr (recordação de Deus) e a meditação.

O credo fundamental do Islão é a Shahada, uma declaração de fé simples mas profunda: "Não há outro deus senão Alá e Maomé é o Seu mensageiro." Esta declaração afirma a essência monoteísta do Islão e o papel central de Maomé como profeta de Alá. A Shahada é o primeiro dos Cinco Pilares do Islão, que são as práticas fundamentais que moldam a vida dos muçulmanos e o seu empenho na fé.

O segundo pilar, Salat, envolve cinco orações diárias que são efectuadas em momentos específicos ao longo do dia: ao amanhecer, ao meio-dia, a meio da tarde, ao pôr do sol e à noite. Esta oração ritual envolve uma série de movimentos e recitações, incluindo versos do Alcorão, e destina-se a concentrar a mente em Deus, servindo de ligação direta entre o adorador e Alá.

O Zakat, o terceiro pilar, é uma forma de esmola e um meio de redistribuir a riqueza no seio da comunidade muçulmana, ajudando a aliviar as dificuldades económicas dos outros e a purificar a própria riqueza. Normalmente, implica a doação de uma parte fixa (normalmente 2,5%) das poupanças e dos activos de uma pessoa aos pobres e necessitados, uma vez por ano.

O quarto pilar, Sawm, implica o jejum durante o mês do Ramadão, o nono mês do calendário lunar islâmico. Durante o Ramadão, os muçulmanos abstêm-se de comer, beber, fumar e manter relações conjugais desde o amanhecer até ao pôr do sol. O jejum é simultaneamente uma demonstração de auto-disciplina e um meio de se aproximarem de Deus através do sacrifício pessoal. O Ramadão termina com o Eid al-Fitr, uma celebração festiva marcada pela oração comunitária, banquetes e caridade.

O quinto pilar, o Hajj, é a peregrinação a Meca que todos os muçulmanos devem esforçar-se por fazer pelo menos uma vez na vida, se forem física e financeiramente capazes. Os rituais do Hajj incluem circundar a Kaaba, o local mais sagrado do Islão, caminhar entre as colinas de Safa e Marwah, e permanecer na planície de Arafat para pedir a misericórdia de Deus, tudo isto reencenando as acções do Profeta Abraão e da sua família.

O sufismo, ou misticismo islâmico, representa uma dimensão do Islão que procura uma experiência mais profunda e pessoal de Deus. Os sufistas lutam por ihsan, ou "perfeição da adoração", definida como adorar Alá como se O víssemos e, embora não O possamos ver, saber que Ele nos vê. O sufismo tem-se expressado historicamente através de uma variedade de ordens e caminhos, cada um com as suas próprias práticas destinadas a purificar o ser e a aumentar a proximidade espiritual com Deus. As práticas comuns incluem o dhikr (recordação de Deus), a meditação e a recitação de poesia e canções que exprimem um intenso desejo de união divina.

Judaísmo

O judaísmo é uma antiga religião monoteísta com a crença num Deus único e uma forte ênfase na aliança entre Deus e o povo judeu, tal como descrita na Tora. As principais práticas incluem a observância do Sabbath, as leis dietéticas (Kashrut), os serviços de oração e o estudo da Torah. As práticas espirituais judaicas também incluem vários rituais, como a circuncisão (Brit Milah), Bar e Bat Mitzvahs, e a observância de feriados como a Páscoa, Rosh Hashanah e Yom Kippur.

A observância do Sabbath, ou Shabbat, é uma das práticas centrais do judaísmo. Começa pouco antes do pôr do sol de sexta-feira à noite e termina após o anoitecer de sábado. O Shabat é um dia de descanso, reflexão e renovação, durante o qual o trabalho é proibido. Os rituais que envolvem o Shabat incluem acender velas, recitar bênçãos sobre o vinho e o pão (Kiddush e Challah) e desfrutar de refeições festivas. Esta observância semanal serve para recordar tanto a história da criação como a libertação dos israelitas da escravatura no Egipto, dando ênfase aos temas da liberdade e da benevolência divina.

As leis dietéticas, conhecidas como Kashrut, regem o que pode ser consumido, como os alimentos devem ser preparados e quais os alimentos que podem ser combinados. Estas leis incluem a proibição de comer carne de porco e marisco, requisitos para o abate ritual de animais e regras que separam o consumo de produtos lácteos e de carne. A observância da kashrut é vista como uma demonstração de obediência aos mandamentos de Deus, reforçando a identidade e a disciplina judaicas.

Os serviços de oração no judaísmo podem ser realizados três vezes por dia: de manhã (Shacharit), à tarde (Mincha) e à noite (Maariv). Estes serviços incluem leituras específicas da Torá e dos livros de oração (siddur) e são efectuados em hebraico, a língua sagrada do povo judeu. A oração é um veículo para louvar a Deus, procurar orientação, expressar gratidão e solicitar necessidades pessoais e comunitárias.

O estudo da Torah, abrangendo as tradições escritas e orais, é uma prática judaica fundamental que enfatiza a aprendizagem ao longo da vida e o crescimento espiritual. As sessões de estudo ocorrem frequentemente num ambiente de grupo em sinagogas, instituições educativas e lares, promovendo um diálogo comunitário em torno dos textos.

A vida espiritual judaica é também marcada pela observância de vários eventos e rituais do ciclo de vida. A circuncisão (Brit Milah) dos rapazes judeus no oitavo dia após o nascimento é um sinal da aliança entre Deus e Abraão. As cerimónias de Bar e Bat Mitzvah marcam a maioridade dos rapazes e raparigas judeus, simbolizando a sua responsabilidade de observar os mandamentos e participar plenamente na comunidade religiosa.

Os feriados judaicos como a Páscoa (Pessach), Rosh Hashanah (o Ano Novo judaico) e Yom Kippur (o Dia da Expiação) pontuam o ano judaico com períodos de celebração, reflexão e expiação. A Páscoa comemora o Êxodo do Egipto, realçando os temas da libertação e do livramento de Deus. O Rosh Hashanah e o Yom Kippur são dias sagrados centrados no arrependimento e na renovação, sendo o Yom Kippur o dia mais solene de jejum, oração e confissão.

Estas práticas e rituais não só reforçam a continuidade histórica e espiritual da comunidade judaica, como também fortalecem a identidade judaica pessoal e colectiva, fazendo do judaísmo uma influência profunda na vida dos seus seguidores e na paisagem moral e ética do mundo.

Sikhismo

Fundado no século XV na região do Punjab, na Índia, pelo Guru Nanak e por sucessivos Gurus Sikh, o Sikhismo enfatiza a crença num Deus único e nos ensinamentos dos Gurus, compilados no Guru Granth Sahib, a escritura sagrada. A prática sikh inclui orações diárias, adoração comunitária no Gurdwara (templo sikh) e cantar hinos do Guru Granth Sahib. A Khalsa, uma irmandade espiritual e comunidade iniciada pelo Guru Gobind Singh, defende princípios de pureza e empenhamento.

Uma das práticas fundamentais do Sikhismo é a recitação de orações diárias, conhecidas como Nitnem. Estas orações são efectuadas em momentos diferentes ao longo do dia, começando com o Japji Sahib de manhã, seguindo-se o Rehras Sahib ao fim da tarde e terminando com o Kirtan Sohila à noite, antes de se deitar. Estas orações ajudam a reforçar a ligação entre o sikh e Deus, orientando o adepto na reflexão e na vida de acordo com as virtudes divinas.

O culto comunitário é um aspeto central da prática sikh, tendo lugar principalmente no Gurdwara, o local de culto sikh. O Gurdwara está aberto a pessoas de todas as fés e origens, realçando os valores inerentes ao Sikhismo de inclusão e serviço comunitário. Durante os serviços religiosos, são cantados hinos do Guru Granth Sahib, e esta prática de canto devocional é conhecida como Kirtan. É um meio poderoso para expressar e experimentar emoções espirituais, aproximando os indivíduos do divino e uns dos outros.

Outro aspeto significativo da prática sikh é a instituição do Langar, ou cozinha comunitária, que normalmente se encontra no interior do Gurdwara. Iniciado pelo Guru Nanak, o Langar serve refeições gratuitas a todos os visitantes, sem distinção de religião, casta, sexo, estatuto económico ou etnia. Esta prática incorpora os princípios sikh de serviço desinteressado, igualdade e unidade comunitária.

A Khalsa, que significa "puro", é uma irmandade espiritual e uma comunidade que foi criada pelo Guru Gobind Singh, o décimo Guru, em 1699. Os membros do Khalsa devem aderir a códigos rigorosos de disciplina espiritual e conduta moral, mantendo o cabelo não tosquiado, transportando artigos de fé específicos (conhecidos coletivamente como os Cinco Ks) e dedicando-se ao serviço da humanidade. A criação do Khalsa marcou um desenvolvimento significativo na identidade sikh, simbolizando tanto um renascimento espiritual como um empenhamento na defesa dos direitos religiosos e civis.

Além disso, o Sikhismo defende uma vida de trabalho honesto, caridade e retidão, resumida no princípio de "Kirat Karo, Naam Japo, Vand Chhako" - trabalhar diligentemente, lembrar-se de Deus e partilhar com os outros. Esta estrutura ética não só orienta os Sikhs para uma vida significativa e produtiva, como também fortalece o tecido da comunidade e o bem-estar social.

De um modo geral, o Sikhismo apresenta um modo de vida que entrelaça uma profunda devoção a Deus com uma vigorosa procura de justiça social, promovendo uma mensagem universal de amor, compaixão e igualdade. A sua mistura única de espiritualidade e ativismo continua a ressoar não só entre os Sikhs, mas também em todas as comunidades globais, defendendo um mundo onde o desenvolvimento espiritual e o bem-estar comunitário andam de mãos dadas.

Taoísmo

Com origem na China antiga, o taoísmo dá ênfase à vida em harmonia com o Tao (a natureza fundamental do universo). As práticas taoístas incluem o Tai Chi, o Qi Gong e a meditação, que se centram no cultivo do equilíbrio, da saúde e da harmonia na vida. A tradição também inclui rituais relacionados com os antepassados e várias divindades.

O taoísmo, também conhecido como daoísmo, é uma antiga tradição filosófica e religiosa que moldou a cultura chinesa a par do confucionismo e do budismo. Tem origem nos ensinamentos atribuídos a Laozi, um antigo filósofo chinês que se crê ter escrito o texto fundamental do taoísmo, o *Tao Te Ching*. O taoísmo centra-se no *Tao* (ou *Dao),* muitas vezes traduzido como "o Caminho", que é entendido como a força primordial que subjaz e unifica o universo. Ele enfatiza a vida em harmonia com essa essência inefável.

As práticas taoístas são diversas e incluem várias formas de meditação, exercícios físicos e rituais, todos com o objetivo de se alinharem com o fluxo natural do universo. Entre estas, o Tai Chi e o Qi Gong são as formas de cultivo físico taoísta mais reconhecidas internacionalmente. O Tai Chi combina movimentos lentos e deliberados com respiração profunda e concentração mental, enquanto o Qi Gong envolve movimentos rítmicos, respiração controlada e posturas meditativas. Ambas as práticas têm como objetivo cultivar o equilíbrio, a flexibilidade e o Qi (energia vital) no corpo, promovendo a saúde física e espiritual.

A meditação no Taoísmo varia desde o simples sentar e esquecer até técnicas complexas de visualização, todas com o objetivo de promover a paz interior e aprofundar a ligação com o Tao. Essas práticas meditativas ajudam os adeptos a transcender as preocupações mundanas, equilibrar as energias internas e alcançar um estado de discernimento espiritual e tranquilidade.

Para além destas práticas de promoção da saúde, o taoísmo inclui também uma rica tradição de rituais, que podem envolver oferendas, recitações e cerimónias dedicadas a várias divindades e espíritos naturais. Estes rituais têm múltiplas funções: manter a harmonia no seio da comunidade, honrar os seres celestiais e recordar os antepassados. O culto dos antepassados, em particular, é um aspeto significativo da prática taoísta, reflectindo a ênfase cultural chinesa mais ampla na piedade filial e na continuidade entre as gerações passadas, presentes e futuras.

A filosofia taoísta defende a simplicidade, a espontaneidade e a não-ação *(wu wei)* - não no sentido de inatividade, mas sim de não tomar nenhuma ação que seja contrária à ordem natural. Este conceito está intimamente ligado à ideia de *ziran,* ou naturalidade, que é um estado de ser que existe sem imposição humana. Ao abraçar *o wu wei,* os taoístas têm como objetivo cultivar uma aceitação serena dos acontecimentos tal como ocorrem e viver de acordo com o mundo natural, alcançando assim uma maior felicidade e realização espiritual.

A influência do taoísmo estende-se para além das práticas individuais, informando a arte, a literatura, a política e a medicina chinesas, ilustrando o papel profundo que desempenha na formação e reflexão dos valores e crenças da sociedade chinesa. Os seus ensinamentos sobre o equilíbrio, a harmonia e a interdependência dos opostos (manifestos no famoso símbolo yin-yang) ressoam em vários aspectos da vida, enfatizando uma abordagem holística para compreender o cosmos e o lugar de cada um nele.

Tradições espirituais indígenas

Os povos indígenas de todo o mundo têm tradições espirituais ricas, muitas vezes profundamente ligadas à terra e à natureza. Estas podem incluir crenças animistas, práticas xamanísticas, rituais, danças e narração de histórias. Estas práticas são normalmente transmitidas de geração em geração e estão intimamente ligadas à identidade e coesão da comunidade.

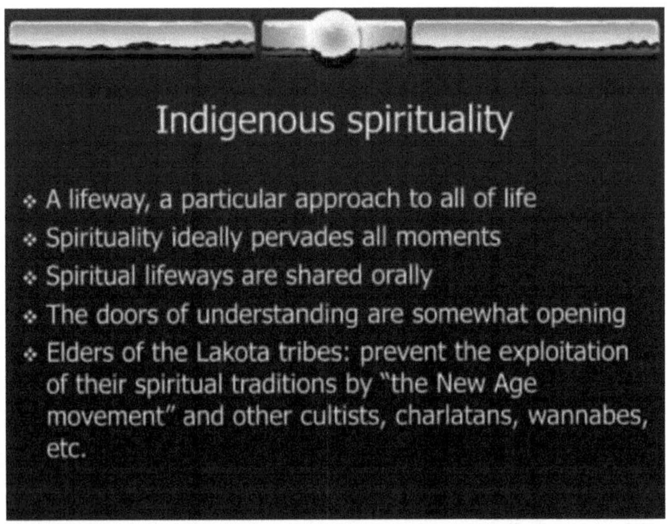

dos elementos centrais comuns a muitas tradições espirituais indígenas é o animismo. O animismo é a crença de que não só os animais e as plantas, mas também as montanhas, os rios e outros fenómenos naturais possuem espíritos ou almas. Esta visão do mundo promove um profundo respeito pelo mundo natural e dita frequentemente a gestão do ambiente, uma vez que as pessoas se vêem a si próprias como parte de uma comunidade de vida mais vasta que inclui entidades vivas e não vivas.

O xamanismo é outra prática muito difundida em muitas culturas indígenas. Os xamãs são frequentemente considerados como curandeiros, líderes espirituais ou mediadores entre o mundo humano e os mundos espirituais. Envolvem-se em rituais que podem incluir tocar tambores, entoar cânticos e entrar em estados de transe para viajar para outros mundos, a fim de procurar conhecimentos, curar doenças ou proteger a comunidade de perigos. O papel do xamã é crucial não só em contextos espirituais e religiosos, mas também na manutenção do equilíbrio social no seio da comunidade.

Os rituais e as cerimónias são também fundamentais nas tradições espirituais indígenas, servindo para assinalar acontecimentos significativos da vida, como o nascimento, a maioridade, o casamento e a morte, bem como as mudanças sazonais e os ciclos agrícolas. Estes rituais são frequentemente acompanhados de música, dança e narração de histórias, que preservam e transmitem conhecimentos ancestrais e narrativas históricas. Através destas formas de expressão, os membros da comunidade mantêm uma ligação com o seu passado, ao mesmo tempo que educam e integram as gerações mais novas na vida cultural e espiritual do seu povo.

A narração de histórias, em particular, ocupa um lugar especial nas culturas indígenas. Não se trata apenas de uma forma de entretenimento, mas de um meio de transmitir valores morais, explicar fenómenos naturais e contar as histórias dos povos através de mitos, lendas e folclore. Estas histórias são frequentemente povoadas por personagens que representam espíritos, deuses, animais ou antepassados, cujas acções e interacções ensinam sobre as complexidades da vida e o quadro moral em que a comunidade opera.

A estreita relação entre as tradições espirituais indígenas e a terra é particularmente profunda. Muitos rituais e práticas espirituais estão ligados a locais específicos considerados sagrados, como montanhas, lagos e florestas. Estes locais são frequentemente centrais para as histórias da criação ou outras narrativas culturais, tornando-os vitais não só do ponto de vista ecológico, mas também espiritual e cultural.

Apesar das pressões da modernização e do impacto da globalização, muitas comunidades indígenas continuam a praticar os seus rituais espirituais tradicionais, preservando as suas línguas, costumes e crenças espirituais. No entanto, essas tradições enfrentam ameaças significativas de desapropriação de terras, degradação ambiental e assimilação cultural. Os esforços dos povos indígenas para recuperar e revitalizar o seu património espiritual e cultural são aspectos cruciais da sua luta pelo reconhecimento e direitos na cena global.

Nova Era e Espiritualidade Moderna

No mundo contemporâneo, existe uma gama diversificada de movimentos espirituais frequentemente classificados como espiritualidade da Nova Era. Estes movimentos baseiam-se normalmente em elementos de várias tradições religiosas, centrando-se no crescimento espiritual pessoal, na cura e numa visão holística do universo. As práticas podem incluir a meditação, a astrologia, a eco-espiritualidade e a utilização de cristais e outros objectos de cura.

A espiritualidade da Nova Era é a crença na transformação pessoal e na evolução espiritual. Os seguidores procuram frequentemente transcender as fronteiras e os dogmas religiosos convencionais, abraçando uma visão do mundo mais inclusiva e expansiva que enfatiza a autonomia individual, a auto-descoberta e a interconexão com o cosmos.

A meditação é uma prática fundamental na espiritualidade da Nova Era, oferecendo um meio de acalmar a mente, aceder à sabedoria interior e cultivar estados de consciência superior.

Várias técnicas de meditação, incluindo a atenção plena, a visualização guiada e o trabalho de respiração, são utilizadas para facilitar o crescimento espiritual, o bem-estar emocional e a redução do stress.

A astrologia desempenha um papel importante em muitos círculos da Nova Era, com os praticantes a interpretarem as posições e os movimentos dos corpos celestes para obterem informações sobre traços de personalidade, acontecimentos da vida e caminhos espirituais. A astrologia é frequentemente vista como uma ferramenta de auto-consciência e orientação, oferecendo uma linguagem simbólica através da qual os indivíduos podem explorar os seus mundos interiores e o seu percurso de vida.

A eco-espiritualidade é outro tema proeminente dentro da espiritualidade da Nova Era, reflectindo uma profunda reverência pelo mundo natural e um reconhecimento da interconexão da humanidade com a Terra. Os seguidores da eco-espiritualidade defendem a gestão ambiental, práticas de vida sustentáveis e uma compreensão holística da ecologia que engloba as dimensões espirituais da natureza.

O uso de cristais, pedras preciosas e outros objectos de cura é uma caraterística comum da espiritualidade da Nova Era, com os praticantes a acreditarem nas propriedades energéticas destes materiais para promover o bem-estar físico, emocional e espiritual. Os cristais são frequentemente utilizados em meditação, cura energética e rituais pessoais como ferramentas para equilibrar e harmonizar os sistemas energéticos do corpo.

A espiritualidade da Nova Era também engloba uma vasta gama de modalidades de cura alternativas, incluindo a cura energética, a terapia do som, a aromaterapia e a medicina holística. Estas práticas enfatizam a integração da mente, do corpo e do espírito, tratando a doença e o desequilíbrio ao nível da raiz e promovendo o bem-estar holístico.

De um modo geral, a espiritualidade da Nova Era representa um movimento fluido e em evolução que encoraja os indivíduos a explorar diversos caminhos de auto-descoberta, cura e crescimento espiritual. Enquanto alguns críticos argumentam que lhe falta coerência teológica ou autenticidade, outros vêem-na como uma estrutura libertadora e capacitadora que oferece liberdade de crença e o potencial de transformação pessoal num mundo em rápida mudança. À medida que continua a adaptar-se e a integrar novas influências, a espiritualidade da Nova Era continua a ser uma força vibrante e dinâmica no panorama mais alargado da espiritualidade contemporânea.

Tempo e temporalidade na espiritualidade

✦ O tempo nas tradições espirituais

O tempo tem um significado profundo nas tradições espirituais de todo o mundo, servindo como um elemento fundamental para a compreensão da condição humana e do cosmos. Em muitos contextos religiosos e espirituais, o tempo é visto não apenas como uma progressão linear, mas como um ritmo cíclico, simbolizando temas de renovação, renascimento e eternidade.

Nas tradições espirituais orientais, como o hinduísmo e o budismo, o tempo é frequentemente representado como um conceito cíclico, simbolizado pelo ciclo eterno de nascimento, morte e renascimento conhecido como samsara. Dentro desta estrutura, a noção de karma dita a trajetória da existência de uma pessoa ao longo de várias vidas, enfatizando a importância das acções morais e da evolução espiritual.

Do mesmo modo, as culturas indígenas vêem frequentemente o tempo como cíclico, girando em torno dos ritmos da natureza e das estações. Os rituais e as cerimónias são conduzidos em harmonia com estes ciclos naturais, honrando as tradições ancestrais e invocando ligações espirituais à terra e ao cosmos.

Em contraste, as religiões monoteístas, como o judaísmo, o cristianismo e o islamismo, consideram frequentemente o tempo como linear, com um início e um fim definitivos. Conceitos como a criação, o apocalipse e a salvação são centrais para estas religiões, marcando pontos significativos na progressão linear do tempo e na relação da humanidade com o divino.

Independentemente do enquadramento específico, o tempo nas tradições espirituais serve para recordar a interconexão de toda a existência, a impermanência do mundo material e a natureza eterna da alma humana. Convida os indivíduos a refletir sobre o seu lugar na ordem cósmica mais vasta e a cultivar uma compreensão mais profunda de si próprios e da sua relação com o divino.

Perspective	Advantages	Disadvantages
Cyclical Time	- Encourages harmony with nature's rhythms, fostering a deeper connection to the environment.	- May lead to fatalism or resignation if individuals perceive events as predetermined or beyond their control.
	- Emphasizes renewal and rebirth, offering hope for personal growth and spiritual evolution.	- Could potentially perpetuate a sense of repetition or stagnation if individuals feel trapped in cyclical patterns.
Linear Time	- Provides a clear narrative framework for understanding historical events and spiritual progress.	- May foster a sense of urgency or anxiety about the future, especially in eschatological contexts.
	- Offers a linear progression towards ultimate goals such as salvation or enlightenment.	- Can lead to conflicts when different religious traditions interpret historical timelines differently.
Eternal Time	- Offers a sense of transcendence beyond the limitations of earthly existence.	- May be difficult for individuals to grasp or relate to, given its abstract nature.
	- Encourages a focus on the eternal aspects of the human soul and its connection to the divine.	- Could potentially diminish the importance of present-moment experiences and actions.

Cada perspetiva do tempo nas tradições espirituais apresenta vantagens e desvantagens únicas, moldando as visões de mundo dos indivíduos e orientando as suas viagens espirituais.

Intemporalidade e Eternidade

A intemporalidade refere-se a uma existência ou estado que não é afetado pelo tempo ou por alterações temporais. Implica um cenário em que o tempo, como entidade mensurável, não existe ou não tem qualquer influência. A eternidade, por outro lado, está frequentemente relacionada com uma duração infinita, uma linha temporal interminável que se estende para sempre. É o tempo alargado até ao seu limite teórico último.

O conceito de intemporalidade é frequentemente explorado no domínio da física, sobretudo quando se discutem as origens do universo. Por exemplo, no momento do Big Bang, a compreensão convencional e as leis da física, tal como se aplicam ao tempo, podem não se manter. Algumas teorias propõem que o próprio tempo foi criado no Big Bang, juntamente com o universo físico. Assim, antes deste acontecimento, poder-se-ia descrever o estado da existência como "intemporal" - não porque o tempo passasse infinitamente devagar ou depressa, mas antes porque o tempo não existia de todo.

No domínio da filosofia, a intemporalidade é analisada de perto nas obras do Platão, em particular na sua teoria das Formas. Platão postulou que, para além do nosso mundo tangível e temporal, existe um mundo de formas perfeitas que são imutáveis e eternas. Estas formas representam a perfeição e não estão sujeitas a mudança ou decadência, existindo assim fora do tempo. A teoria de Platão sugere que o nosso mundo temporal é apenas uma sombra deste reino mais real e intemporal.

Do mesmo modo, na teologia, o atributo da intemporalidade é frequentemente atribuído ao divino. Muitas religiões monoteístas descrevem Deus como intemporal ou eterno, existindo fora dos limites do tempo terrestre. Este ponto de vista postula que Deus criou o tempo e, portanto, existe à parte dele. A perceção divina do tempo é muitas vezes descrita como um presente eterno; Deus vê o passado, o presente e o futuro com igual clareza e presença, sem estar limitado pela progressão linear vivida pelos humanos.

A eternidade, embora relacionada com a intemporalidade, tem mais a ver com o tempo sem fim. No discurso filosófico, particularmente no existencialismo, a eternidade pode ser vista como uma aspiração humana ou uma forma de pavor existencial. O desejo de que as acções ou a vida de uma pessoa tenham um significado eterno confronta-se com a realidade das limitações temporais da vida. Escritores como Tolstoi e Dostoiévski exploraram a busca da verdade e do significado eternos dentro dos limites da mortalidade humana.

Na ciência, especialmente na cosmologia, o conceito de eternidade pode estar relacionado com o destino final do universo. As teorias variam desde o universo que passa por um "grande congelamento", em que as estrelas acabam por se extinguir, deixando um vazio escuro e aparentemente eterno, até às teorias de uma "grande crise", em que a expansão do universo se inverte, levando potencialmente a um ciclo infinito de renascimentos do universo.

De uma perspetiva fenomenológica, a intemporalidade e a eternidade podem ser vividas na consciência humana. Os momentos de profunda experiência espiritual ou estética, frequentemente designados por "momentos intemporais", podem dar aos indivíduos a sensação de sair do fluxo do tempo. Durante esses momentos, as pessoas relatam experiências de profunda interconexão com o universo ou realizações profundas, sentindo-se como se estivessem a tocar uma verdade intemporal ou eterna.

Na arte e na literatura, a intemporalidade manifesta-se frequentemente através de obras que continuam a ressoar independentemente da época em que foram criadas. As peças de Shakespeare, por exemplo, abordam temas de amor, poder e traição que permanecem relevantes ao longo dos séculos. Na sua capacidade de falar universalmente, estas obras atingem uma espécie de intemporalidade, vivendo nas mentes e culturas de sucessivas gerações.

A investigação da intemporalidade e da eternidade ultrapassa os limites da compreensão humana. Desafia os constrangimentos da existência temporal e abre uma miríade de caminhos na filosofia, na teologia, na ciência e nas artes. Cada disciplina contribui de forma única para a nossa compreensão destes conceitos profundos, quer explorando as suas implicações em abstrato, quer as suas manifestações na psique humana, quer a sua representação através da expressão cultural. À medida que a humanidade continua a explorar estes temas, a nossa compreensão da intemporalidade e da eternidade evoluirá, reflectindo as nossas paisagens existenciais e intelectuais em constante mudança.

Aspect	Advantages	Disadvantages
Philosophical	- Allows exploration of ideas beyond physical and temporal constraints.	- Can lead to abstract notions that are difficult to apply or understand in practical, everyday life.
	- Encourages thinking about permanence and the ultimate nature of reality.	- Might promote detachment from the real, temporal world and its pressing issues.
Theological	- Provides a comforting notion of eternal life or existence beyond earthly life.	- Can lead to existential angst or fear about the meaning and duration of an eternal afterlife.
	- Offers a framework for understanding a deity or the divine outside the confines of human experience.	- Difficult for finite human minds to fully comprehend, potentially leading to misinterpretations.
Psychological	- Timeless moments can provide profound personal insight and life-changing experiences.	- Pursuit of a timeless or eternal legacy can lead to dissatisfaction with the present.
	- Can help individuals find deeper meaning and connection in life.	- Might cause individuals to overlook the importance of temporal experiences.
Practical Life	- Timelessness in art, literature, and ideas ensures longevity and continuing relevance.	- Emphasis on creating something eternal can impose unrealistic pressures on creators.
	- Helps in building legacies that inspire future generations.	- Can lead to neglect of short-term needs and responsibilities.

Dilatação do tempo da relatividade e implicações espirituais

A teoria da relatividade de Albert Einstein, em particular o fenómeno da dilatação do tempo, oferece uma visão científica profunda sobre a natureza do tempo e do espaço. A dilatação do tempo, uma previsão da teoria especial da relatividade de Einstein, sugere que o tempo medido por um relógio que se move a alta velocidade em relação a um observador parecerá passar mais devagar em comparação com um relógio em repouso em relação ao observador. Este princípio não só revolucionou a nossa compreensão da forma como o tempo e o espaço estão interligados, como também introduziu uma visão flexível e relativa do tempo, que contrasta fortemente com a conceção newtoniana, anteriormente absoluta, de um relógio universal.

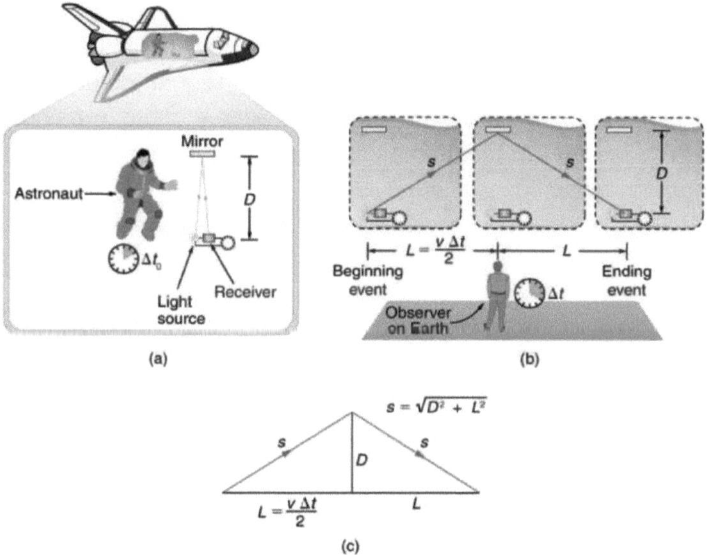

De um ponto de vista científico, as implicações da dilatação do tempo foram verificadas experimentalmente, nomeadamente em experiências que envolviam medições precisas do tempo vivido por partículas em movimento rápido versus partículas estacionárias. Nestas experiências, as partículas que viajavam perto da velocidade da luz exibiam uma desaceleração significativa no decaimento radioativo - envelhecendo efetivamente mais devagar - em comparação com as suas contrapartes estacionárias. Este fenómeno físico estende-se naturalmente a qualquer objeto em movimento, incluindo naves espaciais, em que os astronautas teoricamente envelheceriam um pouco menos se viajassem a velocidades próximas da da luz durante longos períodos.

Ao explorarmos as implicações espirituais da dilatação do tempo, deparamo-nos com uma fascinante mistura de realidade científica com investigação filosófica e teológica. Uma das principais implicações espirituais da dilatação do tempo é o seu poder metafórico para ilustrar a natureza não absoluta e não linear do tempo - um conceito que muitas tradições espirituais intuíram de várias formas. Por exemplo, em muitas filosofias orientais e tradições místicas, o tempo é frequentemente visto não como uma progressão estrita de causa e efeito, mas como uma ilusão ou um tecido maleável que está entrelaçado com a consciência do cosmos e a evolução espiritual.

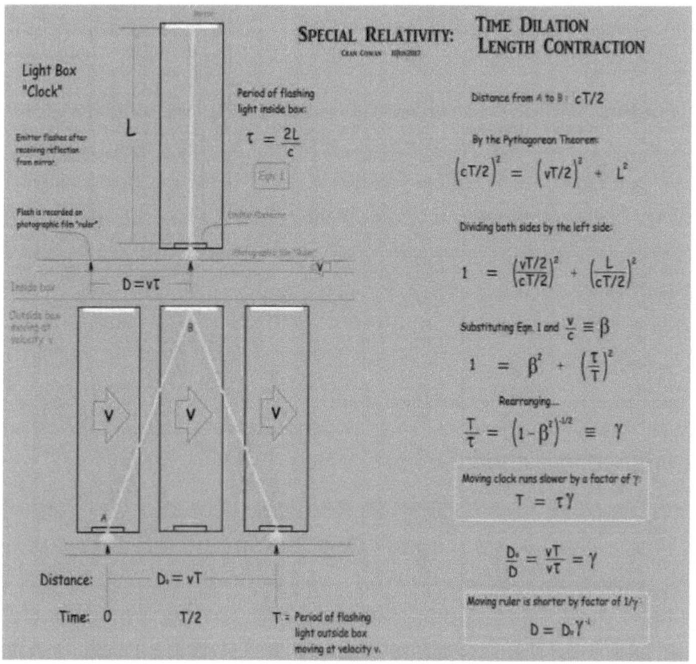

Esta perspetiva está em sintonia com a ideia do hinduísmo e do budismo de "maya", ou a natureza ilusória do mundo, em que o tempo é apenas uma dimensão de uma realidade espiritual mais complexa. A dilatação do tempo fornece assim um exemplo científico concreto de como o tempo se pode esticar ou comprimir, dando crédito aos ensinamentos espirituais que sugerem que podemos sentir o tempo de forma diferente consoante o nosso estado mental, emocional ou espiritual.

Além disso, a dilatação do tempo pode ser entendida como uma alegoria do despertar espiritual ou da iluminação, em que o "abrandamento" ou a "expansão" do tempo pode simbolizar os estados profundos de consciência vividos pelos místicos e pelos sábios. Estes estados envolvem muitas vezes percepções de "momentos eternos" ou experiências fora do tempo, semelhantes a descrições de estados meditativos ou transcendentes em que os indivíduos relatam que o tempo pára ou se estende infinitamente.

O conceito também enriquece a nossa compreensão dos textos sagrados e dos ensinamentos proféticos de várias religiões, onde o tempo "divino" ou "sagrado" contrasta frequentemente com o tempo humano. Por exemplo, na teologia cristã, a visão de Deus do tempo é descrita como muito diferente da perceção humana, ecoando a ideia relativista de que não existe uma medida única e objetiva do tempo. Esta visão teológica pode ser comparada com a dilatação do tempo, em que a perceção do tempo muda com base no movimento e posicionamento relativos - sugerindo um universo em que coexistem "tempos" diferentes, dependendo do quadro de referência do observador.

Além disso, as implicações da dilatação do tempo no contexto da eternidade e da imortalidade abrem novas vias para a compreensão da vida e da vida após a morte. Se o tempo pode ser esticado infinitamente, isso desafia e expande as narrativas espirituais convencionais sobre o que significa existir para sempre ou ter vida eterna. Dá um enquadramento científico à ideia de que as almas ou a consciência existem num estado em que o tempo já não se aplica como no nosso entendimento atual, alinhando-se potencialmente com as visões da vida após a morte ou da reencarnação presentes em muitas doutrinas religiosas.

Em conclusão, embora a dilatação do tempo surja de uma teoria científica rigorosa, as suas implicações vão para além do físico, tocando em questões espirituais profundas sobre a natureza da existência, a estrutura da realidade e a experiência humana do tempo. Ao examinar esta intersecção, não só ganhamos conhecimentos mais profundos sobre a forma como a relatividade reformula a nossa compreensão do cosmos, mas também sobre a forma como pode refletir, reforçar ou desafiar as crenças espirituais de várias culturas em todo o mundo. À medida que as nossas explorações científicas avançam, convidam-nos continuamente a reconsiderar e a reformular as nossas filosofias espirituais, tornando o diálogo entre ciência e espiritualidade necessário e enriquecedor. Esta exploração não só faz a ponte entre a investigação científica e a sabedoria espiritual, como também encoraja uma apreciação mais profunda e matizada do universo e do nosso lugar nele.

Implicações metafóricas da dilatação do tempo nas experiências espirituais

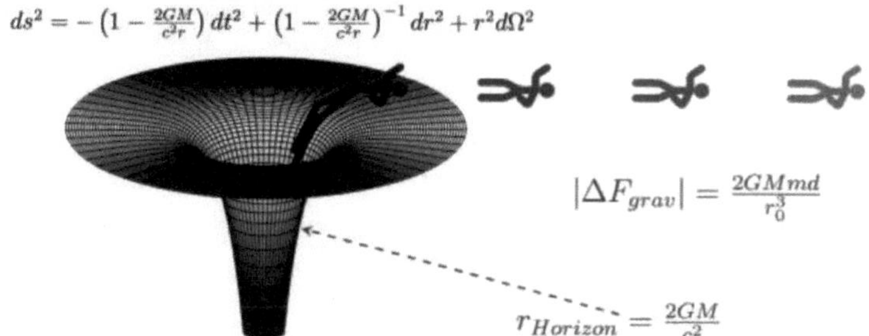

O tempo, no domínio da perceção humana, é um fenómeno curioso. O seu fluxo parece constante, mas, em certas condições, dobra-se e deforma-se, tal como o tecido do próprio espaço. Uma dessas condições é a dilatação do tempo, um conceito familiar aos físicos que estudam os mistérios do universo. No entanto, para além dos limites do discurso científico, a dilatação do tempo tem um profundo significado metafórico, particularmente no contexto das experiências espirituais.

Na sua essência, a dilatação do tempo refere-se ao alongamento ou contração do tempo relativamente a um observador, tal como previsto pela teoria da relatividade de Einstein. Este fenómeno ocorre em condições extremas, como perto do horizonte de eventos de um buraco negro ou a velocidades próximas da velocidade da luz. Nestes cenários, o tempo parece abrandar ou acelerar, conduzindo a paradoxos intrigantes e desafiando a nossa compreensão intuitiva da progressão temporal. No entanto, para além dos seus fundamentos científicos, a dilatação do tempo serve como uma metáfora potente para a natureza não linear das experiências espirituais.

Nas tradições espirituais que atravessam culturas e épocas, os buscadores têm relatado momentos de profunda perceção e despertar, em que as fronteiras do tempo parecem esbater-se e dissolver-se. Estas experiências, frequentemente descritas como místicas ou transcendentes, desafiam as noções convencionais de temporalidade, oferecendo vislumbres de uma realidade para além dos constrangimentos do passado, presente e futuro. O tempo, nestes momentos, torna-se fluido e maleável, semelhante à dilatação do tempo observada no cosmos. Tal como as forças gravitacionais deformam o tecido do espaço-tempo, as experiências espirituais deformam o tecido da consciência, expandindo-o para abranger dimensões para além do mundano.

Considere, por exemplo, o conceito de "eternidade num momento", uma frase cunhada por místicos e poetas para capturar a essência de uma profunda realização espiritual. Nesses momentos, as pessoas relatam uma profunda sensação de intemporalidade, em que os marcadores habituais da progressão temporal se tornam insignificantes. O passado e o futuro convergem no eterno agora, e o presente fugaz expande-se para conter a totalidade da existência. Esta dilatação temporal da consciência reflecte os efeitos relativistas observados no cosmos, sugerindo uma ressonância profunda entre o microcosmos da mente e o macrocosmos do universo.

Além disso, as implicações metafóricas da dilatação do tempo vão além das experiências individuais, abrangendo fenómenos colectivos e culturais. Ao longo da história, as sociedades têm passado por períodos de profunda transformação, em que a ordem vigente é perturbada e surgem novas possibilidades. Estas épocas, frequentemente caracterizadas por uma intensa agitação social, política e espiritual, testemunham a dilatação do tempo à escala da sociedade. Os momentos de revolução, renascimento ou renascimento espiritual funcionam como anomalias temporais, onde o ritmo da mudança acelera e as fronteiras entre o passado e o futuro se esbatem.

No contexto do despertar espiritual, esses momentos colectivos de dilatação têm um significado especial. Tal como um buraco negro dobra a luz e distorce o espaço-tempo, também as mudanças colectivas de consciência dobram a trajetória da história e redefinem as narrativas culturais. O Renascimento, por exemplo, testemunhou um florescimento da arte, da ciência e do humanismo que remodelou o curso da civilização ocidental. Do mesmo modo, as revoluções espirituais da Era Axial deram origem a tradições religiosas e filosóficas duradouras que continuam a moldar a paisagem global.

No entanto, as implicações metafóricas da dilatação do tempo não se limitam a momentos de despertar coletivo; também permeiam o tecido da vida quotidiana. Na pressa e na azáfama da existência moderna, os indivíduos vêem-se muitas vezes apanhados pela marcha implacável do tempo, sempre atrás de prazos e obrigações. No entanto, no meio do fluxo incessante de actividades e responsabilidades, há momentos de descanso, em que o tempo parece esticar-se e expandir-se. Estes são os momentos de contemplação, meditação e introspeção profunda, onde a mente transcende os seus limites comuns e toca o reino do intemporal.

Nos ensinamentos da atenção plena e da meditação, os praticantes são encorajados a cultivar um estado de "intemporalidade", em que os arrependimentos do passado e as ansiedades do futuro perdem o controlo e o momento presente se revela com uma clareza imaculada. Este estado de dilatação temporal, embora fugaz, oferece um vislumbre de um modo de ser para além da tirania do tempo, onde o eterno agora reina supremo. Neste sentido, a prática da atenção plena torna-se um portal para o reino místico, onde o vulgar se torna extraordinário e o mundano se torna sagrado.

Além disso, a ressonância metafórica da dilatação do tempo estende-se ao domínio da literatura, da arte e da música, onde os artistas procuram captar a essência inefável da experiência espiritual. Em obras literárias como "Ulisses" de James Joyce ou "Mrs. Dalloway" de Virginia Woolf, a narrativa desenrola-se de forma não linear, reflectindo a fluidez da consciência e a dilatação do tempo. Do mesmo modo, nas composições transcendentes de compositores como Johann Sebastian Bach ou Ludwig van Beethoven, o tempo parece perder a sua trajetória linear, dando lugar a expressões intemporais da emoção e aspiração humanas.

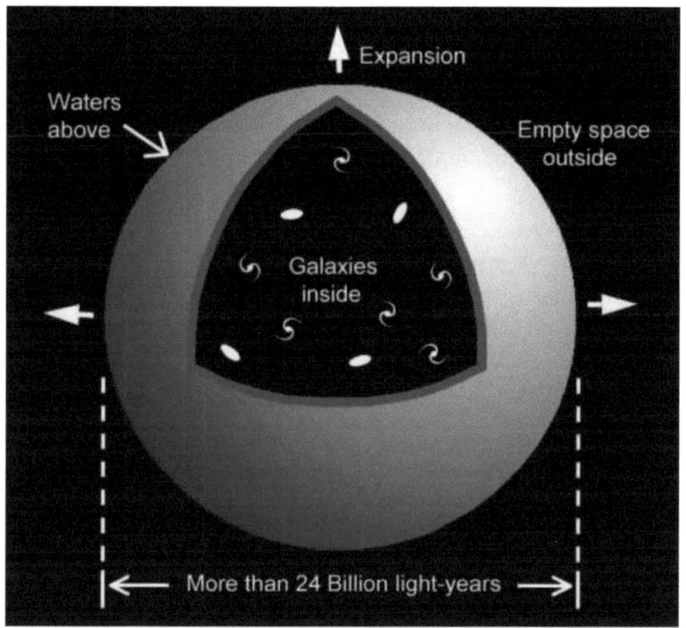

Em conclusão, as implicações metafóricas da dilatação do tempo nas experiências espirituais são múltiplas e profundas. Desde a dilatação da consciência em momentos de despertar até à aceleração da transformação cultural e histórica, a dilatação do tempo serve como uma metáfora potente para a natureza inefável da viagem humana. Assim como o cosmos se curva e se deforma sob a influência das forças gravitacionais, também a mente se curva e se deforma sob a influência do insight espiritual. Ao abraçarmos a ressonância metafórica da dilatação do tempo, abrimo-nos à possibilidade de transcender as limitações do tempo linear e tocar a essência eterna da existência.

Tempo Divino vs. Tempo Humano

A dicotomia entre o tempo divino e o tempo humano encerra um profundo debate filosófico e teológico que atravessa séculos e civilizações. No seu cerne, este debate diz respeito à natureza do tempo tal como é vivido pelos seres humanos versus a sua concetualização e manifestação no reino divino. Compreender as nuances e implicações desta comparação não só oferece uma visão sobre várias crenças religiosas e espirituais, como também reflecte sobre a nossa perceção da existência, do propósito e da eternidade.

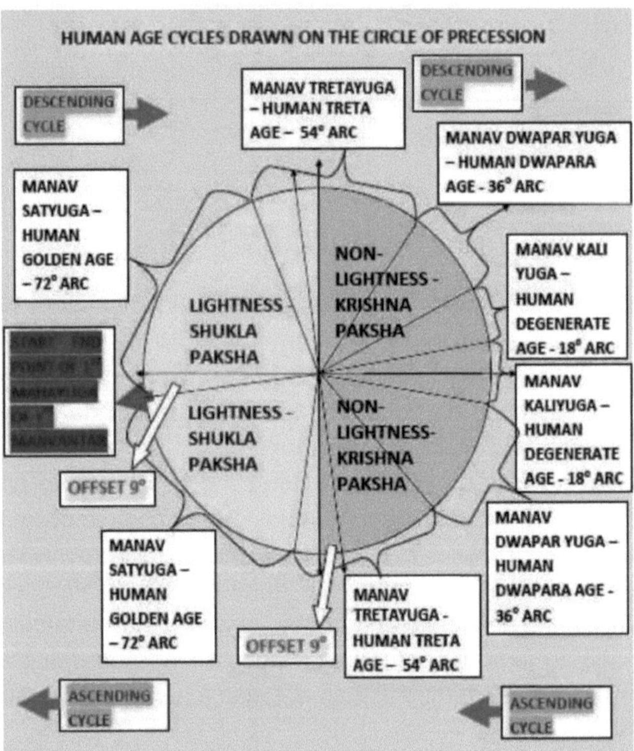

O tempo humano, tal como é comummente entendido, é linear e sequencial. É medido em segundos, minutos, horas, dias e anos - unidades que denotam a passagem do tempo de uma forma que é tangível e quantificável. Esta estrutura temporal é essencial para os aspectos funcionais da vida quotidiana, permitindo o planeamento, a progressão e a ordem geral das funções sociais. No tempo humano, cada momento é fugaz, deslizando irremediavelmente para o passado enquanto o futuro se torna continuamente presente. Este fluxo inexorável do tempo está subjacente às experiências humanas e à realidade existencial do envelhecimento, da decadência e da mortalidade.

Em forte contraste, o tempo divino - ou aquilo a que muitas doutrinas teológicas se referem como "eternidade" - transcende estas restrições lineares. O tempo divino é frequentemente conceptualizado como intemporal ou atemporal, um "agora" sempre presente que engloba simultaneamente o passado, o presente e o futuro. Nesta perspetiva, a divindade não está sujeita às limitações temporais que condicionam a existência humana. Os textos religiosos e os ensinamentos espirituais retratam frequentemente esta noção através de descrições de deuses e seres eternos para os quais o tempo não passa ou passa de uma forma incompreensível para o intelecto humano.

As implicações destas diferentes percepções são vastas e profundamente influentes na formação do pensamento religioso e filosófico. No cristianismo, por exemplo, Deus é descrito como eterno, existindo fora do tempo e, portanto, capaz de acções e consciência que abrangem a totalidade da história e do futuro. Esta natureza eterna é crucial para conceitos como a predestinação, a profecia e a vida após a morte. Da mesma forma, no hinduísmo, o conceito de tempo é cíclico, com vastas épocas conhecidas como Yugas, demonstrando um universo que passa por ciclos perpétuos de criação e destruição, supervisionados por divindades intemporais que se manifestam de várias formas ao longo desses ciclos.

Esta noção do tempo divino como cíclico ou atemporal desafia a experiência humana de uma progressão linear do nascimento à morte. Introduz uma camada de complexidade na compreensão do objetivo da vida, da natureza do universo e do destino final da alma. Para muitos crentes, a consciência do tempo divino oferece uma perspetiva reconfortante de que as provações da vida fazem parte de um plano cósmico mais amplo e significativo, incompreensível na sua totalidade para a mente humana, mas perfeitamente ordenado na perspetiva divina.

Além disso, a interação entre o tempo divino e o tempo humano tem sido um tema central em muitas narrativas religiosas e encontros espirituais. As visões proféticas, a iluminação espiritual e as experiências de quase-morte são frequentemente descritas como momentos em que as fronteiras entre o tempo humano e o tempo divino se esbatem, dando aos indivíduos uma visão transcendente da verdadeira natureza da existência e, muitas vezes, um vislumbre da eternidade. Estas experiências desafiam a compreensão quotidiana do tempo e têm um impacto profundo na fé dos indivíduos e na sua abordagem à vida.

A representação artística do tempo divino versus tempo humano também realça a luta cultural e existencial com este conceito. Desde a intemporal "Divina Comédia" de Dante até às interpretações surrealistas de Salvador Dali sobre a memória e a consciência em "A Persistência da Memória", os artistas têm procurado captar e explorar a natureza esquiva do tempo. A música, a literatura e as artes visuais abordam repetidamente temas como a mortalidade, a eternidade e o anseio humano pelo infinito, oferecendo ao público formas de concetualizar e de se ligar emocionalmente ao tempo divino.

No discurso filosófico, a análise do tempo ocupou um lugar central, particularmente nas obras de Agostinho, Heidegger e Kant, que reflectiram sobre as implicações da perceção temporal para a compreensão do eu e do universo. As reflexões de Agostinho sobre o tempo nas suas "Confissões" aprofundam a experiência psicológica do tempo e as suas implicações para a compreensão de Deus e das Escrituras. Heidegger, por outro lado, explorou o ser e o tempo, sugerindo que a nossa natureza temporal define a nossa existência de formas fundamentais, mas também limita a nossa capacidade de compreender plenamente o eterno.

As implicações práticas desta dicotomia também são significativas. Na prática religiosa quotidiana, os rituais e as orações funcionam frequentemente como pontos de intersecção entre o tempo humano e o tempo divino. Estas práticas proporcionam aos crentes um meio estruturado de ligação ao divino, inserindo momentos do eterno no fluxo temporal da vida quotidiana. Assim, a observância do Sabbath, as sessões de meditação ou os festivais anuais não são meros eventos culturais ou sociais, mas estão imbuídos de um significado temporal que os eleva a actos de comunicação com o reino divino.

Aspect	Divine Time	Human Time
Advantages	- Eternal and timeless, transcending human limitations.	- Linear and measurable, facilitating planning and organization.
	- Offers a perspective beyond individual lifetimes, promoting a sense of interconnectedness and continuity.	- Allows for the recording and analysis of historical events, aiding in learning and progress.
	- Provides a framework for understanding cosmic cycles and spiritual evolution.	- Enables humans to create schedules and routines, optimizing productivity and efficiency.
	- Offers solace and comfort in the face of uncertainty, as divine time is seen as immutable and predetermined.	- Allows for the anticipation and celebration of significant milestones and events.
Disadvantages	- Can be perceived as abstract and inaccessible, challenging for human comprehension.	- Limited by mortality, leading to feelings of urgency and anxiety.
	- May lead to a sense of detachment from present realities, as focus shifts towards eternal truths.	- Subject to distortion and manipulation, as humans may alter or manipulate time for personal gain.
	- Lack of direct control over divine time can lead to feelings of powerlessness and resignation.	- Can foster a sense of impatience and dissatisfaction, as humans strive for immediate gratification.
	- Reliance on divine time may result in complacency or fatalism, inhibiting proactive action.	- Obsession with time can lead to stress and burnout, undermining overall well-being.

Implicações da dilatação do tempo nos conceitos de eternidade e imortalidade

A dilatação do tempo, um conceito fascinante e intrincado nascido dos domínios da física, particularmente através da teoria da relatividade de Albert Einstein, introduz implicações profundas quando aplicado a discussões metafísicas em torno da eternidade e da imortalidade. Sendo um fenómeno físico em que a perceção da passagem do tempo é alterada devido à velocidade ou aos campos gravitacionais, a dilatação do tempo ultrapassa os limites da utilidade científica para colocar questões filosóficas e espirituais importantes.

Na física clássica, o tempo é um pano de fundo constante e imutável no qual os acontecimentos ocorrem. No entanto, a introdução da física relativista sugere que o tempo é flexível, dependente da velocidade e da gravidade. Essa flexibilidade desafia a perceção tradicional e linear do tempo - uma pedra angular da compreensão humana - e introduz um modelo em que o tempo não é absoluto, mas relativo. Esta visão relativista perturba não só a fundamentação científica do tempo, mas também as narrativas metafísicas e espirituais ligadas aos conceitos de eternidade e imortalidade.

A eternidade, frequentemente concebida como um estado de existência intemporal ou de duração temporal infinita, é um tema central em muitas tradições teológicas e filosóficas. É tipicamente associada ao reino divino ou sobrenatural, sugerindo uma existência que transcende as limitações temporais enfrentadas pelos seres mortais. Em contrapartida, a imortalidade refere-se tradicionalmente a uma vida interminável dentro da estrutura temporal, persistindo no tempo em vez de existir fora dele. Ambos os conceitos dependem da natureza do tempo - a eternidade escapa-lhe, enquanto a imortalidade perdura através dele.

A dilatação do tempo introduz um cenário em que estas definições se confundem. Se o tempo pode efetivamente "abrandar" até ficar parado sob certas condições (como previsto pela relatividade perto da velocidade da luz ou em campos gravitacionais extremos), a distinção entre viver através do tempo e existir fora dele torna-se menos clara. Por exemplo, perto do horizonte de eventos de um buraco negro, o tempo para um observador pode abrandar tão drasticamente em comparação com o de um observador longe do buraco negro que parece parar completamente. Neste contexto, o observador próximo do buraco negro pode experimentar uma forma de "eternidade prática" - um estado em que o tempo, na sua perspetiva, deixa de progredir.

Este cenário provoca uma reavaliação da imortalidade e da eternidade. A imortalidade, no contexto da dilatação do tempo, pode ser vista não apenas como viver um número infinito de anos, mas também como viver um momento prolongado indefinidamente. Esta forma de imortalidade já não está estritamente ligada à vida no sentido biológico tradicional, mas expande-se para incluir um estado em que se existe num momento que não termina. As implicações para o pensamento filosófico e espiritual são profundas. A dilatação do tempo oferece assim um exemplo físico, embora extremo, de como os seres podem experimentar aspectos daquilo que muitas tradições consideram estados divinos ou sobrenaturais.

Além disso, as implicações da dilatação do tempo nestes conceitos também convidam a uma reconsideração das narrativas que envolvem a vida após a morte, a ressurreição e outras doutrinas religiosas relativas à vida eterna. Muitas crenças religiosas articulam uma versão da vida para além da experiência humana habitual do tempo - seja num paraíso eterno, na reencarnação ou na libertação espiritual. A dilatação do tempo dá uma espécie de credibilidade empírica - ainda que teórica - à possibilidade de tais estados poderem existir dentro das leis do universo, fazendo assim a ponte entre as perspectivas científicas e espirituais.

No domínio metafísico mais alargado, a dilatação do tempo desafia a compreensão humana da própria existência. Se a nossa perceção do tempo pode mudar tão drasticamente sob diferentes condições físicas, o que é que isso diz sobre a realidade objetiva do tempo? Esta questão leva a outras perguntas sobre a natureza do nosso universo e o nosso lugar nele. Serão então a eternidade e a imortalidade simplesmente expressões diferentes de uma realidade que transcende a compreensão humana, acessível não só através da iluminação espiritual mas também através de futuros avanços tecnológicos ou cosmológicos?

A exploração da dilatação do tempo em relação à eternidade e à imortalidade também reforça as considerações éticas e existenciais. Por exemplo, se um dia a tecnologia permitir que os seres humanos experimentem efeitos de dilatação do tempo, como é que isso afecta a nossa abordagem à vida, à morte e à tomada de decisões éticas? Se pudéssemos viver uma eternidade subjectiva num momento, ou prolongar o que seria um tempo de vida normal para milénios, como mudariam os nossos valores e comportamentos?

Em conclusão, as implicações da dilatação do tempo nos conceitos de eternidade e imortalidade são vastas e complexas. Ao ilustrar como o tempo pode ser esticado ou comprimido, não só desafia as nossas visões tradicionais destes conceitos metafísicos, como também melhora a nossa compreensão do universo. Estimula uma reimaginação do que pode ser possível nos domínios da experiência e da existência humanas, empurrando as fronteiras da filosofia, da teologia e da ciência para territórios novos e desconhecidos. Através desta lente, a procura da compreensão da dilatação do tempo não é apenas um esforço científico, mas uma viagem profunda ao coração da curiosidade humana sobre a vida, o universo e tudo o que nele existe.

O espaço, o cosmos e a espiritualidade

A relação entre o espaço, o cosmos e a espiritualidade estende-se por milénios, estando profundamente enraizada na cultura humana, na ciência e nas práticas espirituais de várias civilizações. Esta ligação intrincada reflecte a busca permanente da humanidade para compreender o seu lugar no universo e a natureza da própria existência.

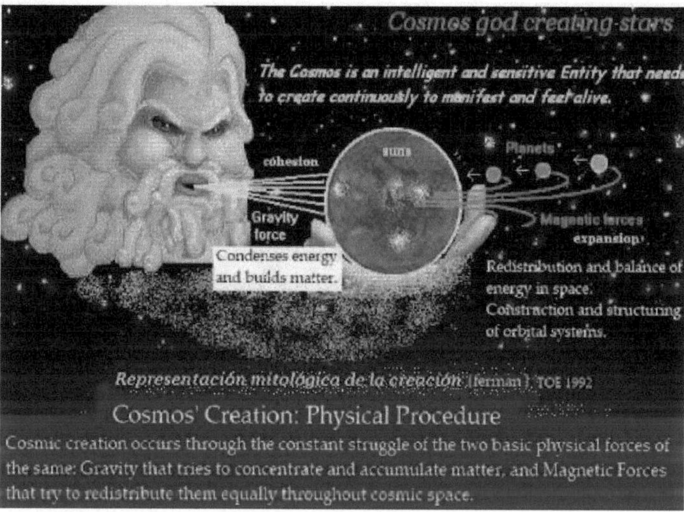

Na antiguidade, o cosmos era frequentemente visto como uma manifestação do divino. As primeiras civilizações, como os babilónios e os egípcios, observavam meticulosamente os céus, acreditando que os corpos celestes eram divindades ou a morada de deuses. Os babilónios, por exemplo, desenvolveram um dos mais antigos sistemas astrológicos conhecidos, associando as estrelas e os planetas à vontade divina, influenciando tanto a vida quotidiana como a realeza. Da mesma forma, os antigos egípcios alinhavam as suas pirâmides com as estrelas e acreditavam numa vida após a morte que envolvia uma viagem celestial através dos céus.

Os gregos moldaram ainda mais a nossa compreensão do cosmos e das suas implicações espirituais. Filósofos como Pitágoras e Platão defendiam que o cosmos era um sistema ordenado e harmonioso, que reflectia uma verdade espiritual mais profunda. A ideia da "música das esferas", proposta por Pitágoras, sugeria que os corpos celestes se moviam de acordo com equações matemáticas, ressoando com uma harmonia cósmica que reflectia a viagem da alma em direção à iluminação.

Nas tradições orientais, como o hinduísmo e o budismo, o cosmos é frequentemente visto como um ciclo interminável de criação, preservação e destruição, representado por divindades como Brahma, Vishnu e Shiva. Esta visão cíclica do cosmos está entrelaçada com as crenças na reencarnação e no karma, em que a progressão da alma para a libertação (moksha) é influenciada pelas suas acções dentro da ordem cósmica.

O período medieval na Europa viu o cosmos em grande parte através da lente do cristianismo, com o universo visto como uma criação de Deus, ordenado e concebido para a compreensão humana. Este período marcou também a ascensão do escolasticismo, onde teólogos como Tomás de Aquino integraram a filosofia aristotélica com a doutrina cristã, promovendo a ideia de que compreender o mundo físico era uma forma de compreender o plano de Deus.

O Renascimento trouxe uma mudança profunda com o advento do modelo heliocêntrico de Copérnico, que desafiou o universo centrado na Terra e provocou uma revolução no pensamento sobre o cosmos. Este período assistiu a uma mistura de investigação científica e reflexão espiritual, uma vez que figuras como Kepler e Galileu viram as suas descobertas científicas como um meio de compreender mais profundamente a criação de Deus.

O Iluminismo fez avançar ainda mais a ideia de um universo regido por leis naturais, que podem ser descobertas através da razão e da observação. Esta época assistiu a um declínio da interpretação explicitamente espiritual do cosmos no Ocidente, uma vez que a ciência começou a dominar a compreensão cosmológica.

No entanto, os séculos XIX e XX assistiram a um ressurgimento do interesse pelos aspectos espirituais do cosmos entre vários grupos, incluindo os teosofistas, que sintetizaram os ensinamentos espirituais orientais com as tradições esotéricas ocidentais, propondo que o cosmos era uma expressão da sabedoria divina e que a sua compreensão poderia ajudar a elevar a humanidade a níveis espirituais mais elevados.

Nos tempos actuais, a exploração do espaço trouxe novas dimensões a estas questões antigas. As imagens da Terra vistas do espaço, fornecidas pelos astronautas, reforçaram os sentimentos de admiração e um sentido renovado de interconexão com o cosmos. Isto reflectiu-se na ascensão de movimentos como a espiritualidade da Nova Era, que frequentemente incorpora imagens cósmicas e conceitos científicos como a mecânica quântica na sua narrativa espiritual.

Além disso, o diálogo permanente entre a ciência e a espiritualidade conduziu a perspectivas como o panteísmo e o panenteísmo no pensamento filosófico e teológico, que postulam um universo imbuído de divindade ou uma força divina que permeia todas as coisas. Entretanto, a busca científica da compreensão da matéria negra, da energia negra e do potencial multiverso continua a ecoar as buscas espirituais para compreender o invisível e os domínios desconhecidos da existência.

O Universo como uma entidade espiritual

O Grande Problema: O paradigma científico padrão do Materialismo tradicional produz o que muitas vezes é referido como "o Grande Problema". Se tudo é apenas matéria, sem dimensão interior, sem dimensão mental, sem dimensão de consciência, então como é que a consciência que todos nós experimentamos todos os dias e que é o que melhor conhecemos sobre a realidade emerge desta matéria puramente material?

O panpsiquismo fornece uma solução muito simples para este grande problema, dizendo que toda a matéria tem dois lados, um lado físico e um lado mental. Outra forma de dizer isto é que alguma forma de consciência se estende até ao fundo e até ao topo da natureza.

Alfred North Whitehead: A filosofia de Alfred North Whitehead fornece o que pode ser visto como uma ontologia para o panpsiquismo. Ele reconhece que cada "entidade real" tem um lado físico e um lado mental e "compreende" (liga-se a) todas as outras entidades reais.

As entidades reais são também, por vezes, referidas como ocasiões reais, porque cada entidade real tem uma dimensão temporal, em que o pólo mental da entidade real, que estabelece o tipo de entidade que é, determina quais as preensões que são recebidas positivamente e são incorporadas no contraste que é a constituição última da entidade real. Um "nexus" de entidades reais, uma linha de herança temporal, é o que experienciamos como objeto.

Desde o mais pequeno quantum até à hierarquia do ser, passando pela conceção de "Deus" de Whitehead, tudo é composto por estas entidades reais. Deus e o reino das ideias (formas, ou aquilo a que Whitehead chama "objectos eternos") constituem o pólo mental de todo o universo físico.

Pierre Tielhard de Chardin: Pierre Tielhard de Chardin

apresenta o que pode ser considerado como uma epistemologia panpsíquica. Ele conta a história de entidades físicas que se estão a tornar mais complexamente integradas com o correspondente aumento da complexidade e coerência da experiência mental interior, fornecendo conhecimento sobre os mundos fora e dentro das entidades. O poder deste conhecimento cresceu exponencialmente à medida que os organismos unicelulares evoluíram para organismos pluricelulares que, por sua vez, se tornaram os grandes reinos vegetal, animal e dos insectos.

Com o aparecimento da realidade sociocultural humana, a primazia da direção evolutiva passou do desenvolvimento de entidades físicas, cada uma com uma dimensão mental, para a evolução sociocultural da sociedade humana. As pessoas tornaram-se capazes de utilizar as suas dimensões mentais para orientar a sua própria evolução.

Chardin afirmou que este processo conduziu ao aparecimento daquilo a que chamou a "noosfera". A biosfera (a esfera da vida) existe entre a litosfera e a atmosfera e a biosfera deu origem à noosfera, "a esfera da consciência humana e da atividade mental, especialmente no que diz respeito à sua influência na biosfera e em relação à evolução".

Chardin continua a sugerir que a emergência da noosfera é o pré-requisito para um salto evolutivo subsequente a que chama "Ponto Ómega", quando a consciência humana como um todo desenvolve um ponto de vista autoconsciente coerente para toda a espécie humana e para a própria Terra.

Física da Ressonância: A Física da Ressonância pode ser vista como a física de uma perspetiva Panpsíquica. Guiada pelos princípios do holograma e do fractal, a Física da Ressonância começa com a rotação de minúsculas Unidades Esféricas de Planck que se ligam holograficamente a todos os outros Plancks, muitos dos quais giram tão rapidamente que mudam de estado e se encaixam para formar protões, que são buracos negros com uma gravidade tão forte que os protões podem superar as suas cargas positivas e agrupar-se para formar os diferentes átomos rodeados por electrões em órbita.

A diferença de tamanho é tão grande entre as Plancks de um protão e o próprio protão que todas as Plancks de cada protão são equivalentes a todos os protões do Universo, o que cria uma profunda estabilidade protónica. Os Plancks na superfície dos protões reflectem holograficamente todos os outros Plancks na superfície dos outros protões e ligam-se através de buracos de minhoca através do espaço/tempo a outros protões, de modo que o Universo é um tecido de ligação e troca de informação.

Desta forma, o Universo material tem, de facto, uma dimensão mental entrelaçada em todos os seus aspectos físicos.

O Universo começou com um Big Bang, após o qual os átomos, feitos de protões de buracos negros e pulsos de energia de electrões, giram para formar sistemas solares e os sistemas solares giram para formar galáxias, com grandes buracos negros nos seus centros, e as galáxias giram para formar superaglomerados galácticos, com buracos negros ainda maiores nos seus centros, e todos giram para formar o nosso Universo que é, ele próprio, um buraco negro que faz girar os protões para um Universo circundante, com uma menor densidade de Plancks fora dos protões do que dentro dos protões, levando à inflação, em que os protões emergentes dão início a novos Universos com novos Big Bangs.

À nossa volta e dentro de nós, em todo o Universo, somos feitos de proto-universos de protões que vibram e giram a velocidades até à velocidade da luz.

Com tudo isto em mente, vamos agora olhar para o outro lado do limite de velocidade cósmica da matéria - o lado espiritual do Universo, que nos pode fornecer a base para uma axiologia psíquica pânica.

Ciência Psicoenergética: Existe um modelo científico de explicação que se liga perfeitamente ao que dissemos até agora sobre a compreensão psíquica pânica do Universo material e, ao mesmo tempo, que explica o Criador, um Universo Vivo Consciente e a nossa capacidade de expandir a nossa consciência e participar plenamente neste Universo Vivo Consciente.

EspaçoZTempo Positivo: De acordo com o modelo de Ciência psicoenergética de Tiller, no espaço/tempo positivo, a energia e a matéria vibram e giram a velocidades inferiores, próximas ou à velocidade da luz, e têm uma natureza básica que é "electromagnética".

O espaço/tempo positivo é o domínio da matéria física e o mundo físico onde:

- A eletricidade é a força principal dos campos electromagnéticos.

. As velocidades são limitadas à velocidade da luz.

. A massa protónica surge quando os quanta em rotação atingem a velocidade da luz.

. Os gostos repelem-se e os opostos atraem-se.

Tempo/Espaço Negativo: No tempo/espaço negativo, a substância subtil vibra e gira a velocidades superiores à velocidade da luz, é magnética em qualidade e tem uma natureza básica que é "magnetoeléctrica".

Com o tempo/espaço negativo entramos no reino do espírito e no mundo metafísico onde:

. O magnetismo é a força principal nos campos magnetoeléctricos

- As velocidades são superiores à velocidade da luz.

. Não há massa, apenas vibração.

. Os gostos atraem-se e os opostos repelem-se.

Ao contrário da situação no mundo físico do espaço/tempo, onde a energia/matéria tem sempre massa, a substância subtil - por vezes referida como matéria virtual - do tempo/espaço negativo não tem massa per se, mas tem frequência vibracional no que equivale a um meio "mental".

O mundo espiritual do tempo/espaço negativo é o reino de Deus e das formas (ou, como ele lhes chama, objectos eternos) de Alfred North Whitehead. O tempo/espaço negativo pode ser visto como a dimensão mental do Universo e o espaço/tempo positivo como a dimensão física do Universo, que, por sua vez, tem uma dimensão mental incorporada.

Partículas/ondas Deltron: De acordo com a Ciência Psicoenergética, a força magnetoeléctrica é transportada por partículas/ondas "deltron", que permitem que as forças magnetoeléctricas atractivas, integrativas e hiperconscientes do tempo/espaço negativo interajam com a matéria e a energia eléctrica no espaço/tempo positivo.

Estes fluxos magnetoeléctricos de deltrões entre o tempo/espaço negativo (o mundo metafísico) e o espaço/tempo positivo (o mundo material) constituem as energias subtis que ligam o mundo físico aos níveis crescentes de ordem e integração do mundo espiritual.

Buracos de Minhoca: O reconhecimento da substância subtil do tempo/espaço negativo fornece uma forma de explicar as ligações de buraco de minhoca entre partículas/ondas ao nível quântico. A mecânica quântica demonstrou claramente que uma mudança numa partícula/onda num local produz frequentemente uma mudança instantânea numa ou mais partículas/ondas que podem estar muito, muito longe.

Esta ação instantânea à distância é muito difícil de compreender se procurarmos uma explicação no mundo do espaço/tempo positivo abaixo da velocidade da luz. De acordo com a relatividade de Einstein, algo que se movesse muito mais depressa do que a velocidade da luz, que seria necessário para causar uma tal mudança instantânea à distância, adquiriria mais do que uma quantidade infinita de massa.

No entanto, se aceitarmos que os buracos de minhoca são conexões feitas no mundo negativo do tempo/espaço mais rápido do que a velocidade da luz da substância subtil, então eles tornam-se muito mais fáceis de entender. Os buracos de minhoca utilizam campos magnetoeléctricos deltrónicos para entrelaçar a substância subtil com a substância material, ligando diferentes partes da substância material através da substância subtil.

Consciência: A nossa consciência é a experiência interna dos campos magnetoeléctricos deltrónicos. A nossa consciência é como um buraco de minhoca que utiliza uma substância subtil para experimentar e ligar a sucessão dos nossos instantes espaciais/temporais, que nos ligam aos mundos à nossa volta, dentro e fora de nós.

Quando falamos mentalmente connosco ou fisicamente com outra pessoa, os campos magnetoeléctricos deuteronómicos, semelhantes a buracos de minhoca, são o que nos permite começar uma frase num momento, continuá-la numa sucessão de outros momentos e completá-la num momento final e, no entanto, toda a frase faz sentido. Eles fornecem a base subjacente que nos permite unificar uma sucessão de instantes para formar uma frase, ou um pensamento complexo desenvolvido, ou uma ação complexa desenvolvida.

Neste contexto, a nossa consciência em cada momento presente é um portal entre o mundo material no espaço/tempo positivo e a nossa experiência do mesmo no tempo/espaço negativo. A atenção plena abre essa porta mais amplamente. Na

Meditação da Visão, podemos atravessar a porta e participar diretamente no mundo do tempo/espaço negativo. Quanto mais fortalecermos os nossos veículos físicos e psicológicos e quanto mais consistentes forem as nossas práticas de Atenção Plena, mais facilmente podemos entrar nos mundos metafísicos e mais longe podemos ir.

Uma vez que toda a substância subtil não tem massa. Não há limites para a velocidade a que a substância subtil pode vibrar e viajar. De facto, a velocidade das entidades no tempo/espaço negativo pode aproximar-se do infinito, onde o tempo é essencialmente transcendido, e então essas entidades estão essencialmente em todo o lado ao mesmo tempo.

Outra palavra para este fluxo de energia magnetoeléctrica deltrónica - com a sua essência de semelhante atraindo semelhante - é amor.

O Criador: Neste contexto, a ordem em constante crescimento conduz a uma hierarquia de forças unificadas e unificadoras que podem ser vistas como espíritos e Deuses, acabando por chegar ao que é essencialmente, na nossa perspetiva, a ordem perfeita ou o Criador.

Ao envolvermo-nos sistematicamente em práticas de consciência, podemos transcender a separação da encarnação e voltar a envolver-nos conscientemente com o Criador - com essa ordem perfeita - e experimentar conscientemente tudo como um aspeto do Criador, e participar conscientemente na assistência ao Criador com a evolução da Criação no pequeno universo no pequeno planeta onde vivemos.

Dimensões espaciais e simbolismo espiritual

1. Espaço unidimensional

O espaço unidimensional, representado simplesmente por uma linha, é frequentemente utilizado na espiritualidade para simbolizar a unidade e a natureza indivisa da existência. Em muitas tradições espirituais, a linha representa a ligação ininterrupta entre o divino e o terreno ou entre duas entidades em unidade. Também pode simbolizar um caminho - uma viagem espiritual de um estado de ser para outro.

2. Espaço bidimensional

Em duas dimensões, passamos para o domínio dos planos e das formas, como os círculos e os quadrados. Na espiritualidade, os símbolos bidimensionais são abundantes:

- Círculo: Muitas vezes representa a totalidade, a eternidade e a natureza infinita da alma ou do universo. No hinduísmo e no budismo, o círculo é um elemento central da mandala, que é um símbolo espiritual e ritual que representa o universo.
- Quadrado: Simboliza frequentemente a estabilidade, o equilíbrio e o mundo material. Na iconografia cristã, o quadrado representa frequentemente a existência terrena, em contraste com o círculo, que simboliza a natureza divina.

3. Espaço tridimensional

O espaço tridimensional introduz o volume e é onde a maioria das experiências espirituais humanas são conceptualizadas:

- Esfera: Tal como o círculo, representa a plenitude, mas com uma ênfase acrescida na inclusividade do universo ou cosmos. O globo ou esfera pode sugerir a incorporação do espiritual no físico.
- Cubo ou Pirâmide: Estas formas podem representar a verdade, a solidez e, muitas vezes, os fundamentos da criação. No antigo Egipto, a forma de pirâmide estava diretamente ligada à viagem espiritual após a morte, simbolizando raios de sol que apontavam para cima, para os céus.

4. Quarta dimensão e mais além

Em discussões espirituais mais abstractas e contemporâneas, as dimensões superiores representam reinos para além da perceção humana comum:

- Quarta Dimensão: Frequentemente associada ao tempo ou espaço-tempo na física, espiritualmente, esta dimensão é por vezes vista como um espaço de transição onde a consciência começa a transcender as restrições físicas e temporais do mundo tridimensional.

. Quinta Dimensão e Mais Além: Estes são tipicamente associados com reinos espirituais mais elevados, níveis de consciência, ou estados de ser. São usados metaforicamente para descrever as camadas de iluminação espiritual ou o desdobramento de realidades espirituais que transcendem a compreensão comum.

5. Multidimensionalidade na Espiritualidade

Muitas tradições espirituais reconhecem, implícita ou explicitamente, múltiplas dimensões da realidade. Por exemplo:

- Cabala: O misticismo judaico fala de diferentes dimensões da realidade, cada uma correspondendo a aspectos da emanação de Deus no mundo.

. Budismo: Descreve múltiplos reinos de existência e níveis de consciência que um praticante pode navegar através da meditação e da vida moral.

O uso simbólico das dimensões espaciais na espiritualidade serve como uma ponte entre o visível e o invisível, o conhecido e o misterioso. Fornece uma estrutura através da qual os aspectos inefáveis das experiências e crenças espirituais podem ser comunicados e compreendidos dentro dos limites da linguagem e das imagens humanas. Esta linguagem simbólica permite que indivíduos e culturas explorem e expressem as suas experiências interiores e a natureza da sua relação com o cosmos.

✦ Unidade e Separação Cósmica: Uma visão relativista

A física relativista oferece uma visão profunda da nossa compreensão do universo. Estas ideias abordam a interligação de todas as coisas, bem como as distinções e separações inerentes que existem a um nível fundamental.

Relatividade Geral e Unidade Cósmica

A relatividade geral, proposta por Albert Einstein, altera fundamentalmente a nossa compreensão da gravidade. Sugere que aquilo que percepcionamos como a força da gravidade resulta, de facto, da curvatura do espaço-tempo causada pela massa e pela energia. Este princípio implica uma unidade profunda no cosmos: toda a matéria e energia interagem no mesmo tecido tetradimensional do espaço-tempo. Eis como isto se relaciona com a unidade cósmica:

1. Tecido Unificado do Espaço-Tempo: Tudo no Universo, desde as mais pequenas partículas até às maiores estruturas galácticas, existe dentro e move-se através do mesmo continuum espaço-tempo. Isto sugere uma espécie de unidade, uma vez que cada ação que afecta o espaço-tempo afecta tudo o que nele está inserido.
2. Influência Gravitacional: Cada objeto com massa ou energia influencia a curvatura do espaço-tempo, afectando o movimento de todos os outros objectos. Esta dança gravitacional interligada ilustra a ideia de que nenhuma parte do universo está verdadeiramente separada; tudo influencia e é influenciado por tudo o resto.

Mecânica Quântica e Separação Cósmica

Enquanto a relatividade geral fala de unidade em grande escala, a mecânica quântica - que trata do comportamento das partículas nas escalas mais pequenas - introduz elementos de separação. Ao nível quântico, as partículas exibem comportamentos que sugerem que funcionam segundo regras diferentes das dos objectos macroscópicos:

1. Indeterminação quântica: A mecânica quântica introduz o princípio da indeterminação, em que as propriedades das partículas, como a sua posição e momento, existem em probabilidades e não em estados definidos até serem medidas. Esta aleatoriedade inerente introduz um conceito de separação em que os resultados individuais podem divergir dramaticamente a um nível fundamental.
2. Emaranhamento Quântico: Paradoxalmente, ao mesmo tempo que introduz elementos de separação, a mecânica quântica também sugere um tipo de unidade através do emaranhamento. Quando as partículas ficam emaranhadas, o estado de uma partícula influencia instantaneamente o estado de outra, independentemente da distância entre elas. Este fenómeno sugere uma interconexão profunda que transcende a separação física clássica.

Colmatando o fosso

As aparentes contradições entre a unidade da relatividade geral e a separação da mecânica quântica põem em evidência um dos grandes desafios da física moderna: a procura de uma teoria da gravidade quântica. Uma tal teoria teria de conciliar a forma como a gravidade funciona tanto à escala cosmológica descrita pela relatividade como à escala das partículas tratada pela mecânica quântica.

Implicações filosóficas

Para além dos aspectos técnicos, a discussão da unidade e separação cósmicas tem também implicações filosóficas significativas. Levanta questões sobre a natureza da realidade e o nosso lugar dentro dela:

- Interdependência vs. Individualidade: Como é que conciliamos a nossa perceção de sermos indivíduos distintos e separados com a realidade científica da interconexão subjacente?

. Influência e responsabilidade: Compreender que as nossas acções podem ter efeitos de grande alcance na tapeçaria cósmica pode incutir um sentido de responsabilidade pela forma como interagimos com o mundo e uns com os outros.

Encoraja uma apreciação diferenciada da forma como o nosso universo está profundamente interligado e, ao mesmo tempo, profundamente separado.

Gravidade, amor e ligação

A gravidade, enquanto força física, tem sido um tema central de fascínio e estudo desde os tempos antigos, simbolizando as ligações invisíveis que unem o universo. A história da gravidade remonta aos primeiros filósofos, como Aristóteles, que a concebiam como uma tendência dos elementos para procurarem o seu lugar natural no cosmos - a terra a mover-se para baixo e o fogo para cima. Este conceito prevaleceu até ao século XVII, quando Isaac Newton formulou a lei da gravitação universal, definindo a gravidade como uma força previsível que actua à distância, atraindo não só os corpos físicos uns para os outros, mas também oferecendo uma nova metáfora para as relações humanas e as ligações espirituais.

Paralelamente à compreensão física da gravidade está o conceito de amor, uma força profunda de ligação e coesão humanas. O amor tem sido um tema central na literatura, na filosofia e na teologia das civilizações de todo o mundo. Na filosofia grega antiga, Platão discutiu diferentes formas de amor na sua obra "Symposium", distinguindo entre o desejo físico e uma apreciação mais espiritual da beleza, vista no amor pela sabedoria, ou philosophia. Para Platão, o amor era um grande motivador para a busca do ideal, a forma perfeita que transcende o físico e o temporal.

Na teologia cristã, o amor é muitas vezes considerado a maior força divina, central nos ensinamentos de Jesus Cristo, que defendia o amor como um princípio fundamental subjacente a todas as relações. Esta dimensão espiritual do amor sugere uma força cósmica que une a humanidade, fazendo eco da atração gravitacional que mantém o universo físico em ordem.

Com o avanço da investigação científica, o Iluminismo trouxe uma visão mais mecanicista do universo, em que as ligações entre entidades - celestiais ou humanas - eram explicadas através de leis e fenómenos observáveis, incluindo a gravidade.

No entanto, a era romântica reagiu contra essa visão mecanicista do mundo, enfatizando a emoção, a intuição e as conexões metafísicas, com poetas e filósofos contemplando o amor como uma força mística que, como a gravidade, mantém entidades díspares em relação.

No século XX, o desenvolvimento da relatividade geral por Albert Einstein revolucionou mais uma vez a compreensão da gravidade, descrevendo-a não como uma força que actua à distância, mas como o efeito da curvatura do espaço-tempo causada pela massa e pela energia. Este salto concetual proporcionou uma nova estrutura para considerar como tudo no universo está interligado, uma ideia que ressoa com as modernas visões espirituais e holísticas do amor e da ligação.

Hoje em dia, as discussões em torno da gravidade, do amor e da ligação cruzam-se frequentemente nos domínios da física quântica e da metafísica, com os teóricos a ponderarem se estas forças fundamentais poderão estar mais profundamente ligadas do que se compreendia anteriormente, talvez mesmo ao nível do emaranhamento quântico, que alguns especulam poder ser uma contrapartida científica das ligações místicas e espirituais.

Na cultura contemporânea, a analogia da gravidade é frequentemente utilizada para descrever o amor - como uma força inevitável e natural que aproxima as pessoas, transcendendo as barreiras físicas e temporais. Do mesmo modo, em psicologia e sociologia, o conceito de gravidade emocional ou social pode ser utilizado para descrever a forma como os indivíduos ou grupos se atraem uns aos outros, formam laços sociais e criam redes comunitárias, reflectindo a necessidade humana fundamental de ligação e pertença.

Em suma, a gravidade, o amor e a ligação continuam a ser temas ricos e em evolução que se cruzam nos domínios científico, filosófico e espiritual. Cada um deles continua a inspirar, desafiar e influenciar a forma como os seres humanos percepcionam a sua relação uns com os outros e com o cosmos, encorajando uma exploração mais profunda das forças invisíveis que governam as nossas vidas e o nosso universo.

A gravidade como metáfora nos ensinamentos espirituais

A gravidade, uma força fundamental no universo, fornece uma metáfora poderosa em vários ensinamentos espirituais, servindo como uma ponte entre os reinos físico e metafísico. O conceito de gravidade - a sua inevitabilidade, a sua invisibilidade e a sua natureza universal - presta-se a interpretações simbólicas ricas que podem iluminar os princípios espirituais. Aqui estão algumas maneiras pelas quais a gravidade pode ser usada metaforicamente em contextos espirituais:

1. A inevitabilidade do karma

Em muitas tradições espirituais, particularmente nas que têm raízes em filosofias orientais como o hinduísmo e o budismo, o karma representa a lei da causalidade moral. As acções têm consequências e estas consequências estão ligadas ao ator, tal como a gravidade nos liga à terra. Tal como a gravidade actua sem favorecimento ou discriminação, o karma é visto como uma lei impessoal e universal que rege a causa e o efeito éticos. Esta metáfora pode ajudar as pessoas a compreender a importância de acções conscientes e de uma vida ética, sublinhando que, tal como não se pode escapar à gravidade, também não se pode escapar às consequências das nossas acções.

2. O impulso para o esclarecimento

A constante atração da gravidade para o centro pode ser comparada à atração espiritual para a iluminação ou para um estado de consciência mais elevado. Tal como a gravidade puxa os objectos para o centro da Terra, os buscadores espirituais são atraídos para uma compreensão ou ligação mais profunda com o divino. Esta "gravidade" espiritual pode ser pensada como o anseio humano inato por significado, verdade e transcendência para além do plano material.

3. Ligação e unidade

A gravidade é uma força que liga toda a matéria do universo, desde as mais pequenas partículas até aos maiores corpos celestes. Esta ligação universal pode ser vista como uma metáfora da crença espiritual na interconexão fundamental de toda a vida. Em muitas tradições espirituais, um princípio central é a ideia de que todos os seres estão interligados e que esta ligação transcende as fronteiras físicas. A gravidade, neste sentido, simboliza os laços invisíveis que nos unem na teia da vida.

4. A força humilhante

A gravidade também serve como uma metáfora para a humildade. Mantém-nos de castigo, puxando-nos literalmente para a Terra, lembrando-nos das nossas limitações e do nosso lugar dentro do cosmos maior. Em contextos espirituais, isto pode ser um poderoso lembrete da necessidade de nos mantermos humildes e ligados às nossas raízes, reconhecendo que existem forças maiores do que nós que governam o universo.

5. Centrar e ligar à terra

Em muitas práticas meditativas e espirituais, dá-se ênfase à ligação à terra, o que pode estar diretamente relacionado com a atração gravitacional pela terra. Os praticantes visualizam-se muitas vezes a aterrar como uma árvore, estável e segura devido à atração da gravidade. Isto ajuda a cultivar uma sensação de estabilidade e presença no momento, permitindo práticas espirituais mais profundas e uma ligação mais forte com a terra.

6. Rendição e libertação

Finalmente, a gravidade pode simbolizar a prática espiritual da rendição. Tal como os objectos caem naturalmente em direção à terra quando são largados, a rendição, num sentido espiritual, pode significar abandonar o ego e os desejos pessoais para abraçar um fluxo maior ou a vontade divina. Esta libertação pode levar à libertação e à liberdade, semelhante a cair num estado de graça em que se é transportado por forças superiores a si próprio.

Ao utilizar a metáfora da gravidade, os ensinamentos espirituais podem transmitir conceitos complexos de uma forma que é tangível e relacionável. Sublinha como as leis naturais, tanto físicas como espirituais, podem guiar-nos para uma compreensão mais profunda da nossa existência e do nosso universo.

⚓ A força de atração nas relações espirituais

O conceito de "força de atração" é frequentemente utilizado nos ensinamentos espirituais para descrever as ligações dinâmicas e magnéticas que se formam entre indivíduos nas suas viagens espirituais. Esta força, semelhante a um magnetismo metafísico, engloba mais do que apenas atração emocional ou física; fala de uma ressonância mais profunda, ao nível da alma, que se pode manifestar em vários tipos de relações espirituais, tais como amizades, mentores, parcerias românticas e até encontros fugazes. Eis como esta força de atração funciona em contextos espirituais:

Almas gémeas e chamas gémeas

Em muitos sistemas de crenças espirituais, a ideia de almas gémeas e chamas gémeas reflecte uma forma profunda de atração. Considera-se que as almas gémeas são indivíduos que estão profundamente ligados uns aos outros, tendo-se talvez conhecido ao longo de várias vidas. As chamas gémeas, por outro lado, são consideradas duas metades da mesma alma que se dividem em dois corpos separados. A atração entre estes dois pode ser intensa e acredita-se que serve o propósito de crescimento e evolução espiritual. A atração magnética entre almas gémeas e chamas gémeas é muitas vezes descrita como uma força natural e inevitável que os une para cumprir um propósito espiritual mais elevado.

Relações kármicas

A atração nas relações kármicas é outra faceta em que o magnetismo espiritual desempenha um papel crucial. Pensa-se que estas relações resultam de ligações de vidas passadas e são caracterizadas por uma atração intensa e instantânea. O objetivo destas relações está muitas vezes ligado à resolução de questões não resolvidas ou ao equilíbrio de dívidas cármicas. Este tipo de atração pode, por vezes, levar a interacções difíceis, que são vistas como oportunidades de crescimento pessoal e espiritual.

Professores e estudantes espirituais

A força de atração é também significativa na dinâmica entre os professores espirituais e os seus alunos. Não se trata de atração física ou romântica, mas sim de uma ressonância de energia e sabedoria. Os alunos são muitas vezes atraídos por professores cujos ensinamentos ressoam com a sua própria frequência espiritual ou que os desafiam a crescer de forma necessária. Esta atração magnética pode ser fundamental para guiar os indivíduos ao longo dos seus caminhos espirituais, fornecendo-lhes os ensinamentos e os conhecimentos necessários nos momentos certos das suas vidas.

Comunidade e crescimento coletivo

Em uma escala mais ampla, a força de atração desempenha um papel na formação de comunidades espirituais. Os indivíduos sentem-se frequentemente atraídos por grupos que partilham valores, crenças ou práticas espirituais semelhantes. Esta atração pode promover um ambiente de apoio que facilita o crescimento espiritual individual e coletivo, permitindo que os membros desenvolvam ligações mais profundas e apoiem as viagens espirituais uns dos outros.

Amor Universal

Na sua forma mais expansiva, a força de atração nas relações espirituais pode ser entendida como uma expressão do amor universal. Esta é a atração magnética para interacções amorosas e compassivas com todos os seres, impulsionada pelo reconhecimento de uma essência divina partilhada. Esta forma de atração transcende as relações pessoais e estende-se a um amor pela humanidade e por toda a vida, encorajando acções que elevam e apoiam o bem-estar de todos.

Implicações filosóficas

Esta atração espiritual reflecte a noção filosófica de que tudo no universo está interligado através de uma complexa teia de relações regidas por leis e forças espirituais. Sublinha um princípio universal encontrado em muitas tradições espirituais: a ideia de que as relações são um espelho, reflectindo os nossos próprios estados de ser e oferecendo-nos oportunidades de crescimento e transformação.

Compreender a força de atração nas relações espirituais ajuda a aprofundar a consciência de como as interacções pessoais não são meramente coincidentes, mas estão frequentemente carregadas de significado espiritual. Esta perspetiva encoraja os indivíduos a abordar os relacionamentos com atenção plena, abertura e vontade de aprender, reconhecendo que cada conexão tem o potencial de ser um elemento transformador no caminho espiritual.

A Relatividade Geral e o Conceito de "Dobragem" Espiritual

A relatividade geral, a teoria revolucionária de Albert Einstein, alterou fundamentalmente a nossa compreensão da gravidade. Postulou que aquilo que percepcionamos como a força da gravidade resulta da curvatura do espaço-tempo pela massa e pela energia. Este conceito de dobrar o espaço-tempo para criar efeitos gravitacionais fornece uma metáfora convincente para explorar a dinâmica espiritual, particularmente a ideia de "dobrar" espiritual. Esta metáfora permite considerar como a presença e a prática espiritual podem "dobrar" o espaço à nossa volta, influenciando o nosso crescimento pessoal e as interacções com os outros.

1. A influência espiritual como dobra do espaço-tempo

Moldar o ambiente: O Campo Gravitacional da Espiritualidade

No domínio da física, a massa dobra o tecido do espaço-tempo, criando campos gravitacionais que ditam os caminhos dos objectos próximos. Este fenómeno é análogo à forma como uma pessoa profundamente enraizada em práticas espirituais pode influenciar o que a rodeia. Imagine a paz profunda, a compaixão ou a sabedoria que emana desses indivíduos como uma forma de gravidade espiritual. Esta força molda subtilmente o ambiente, alterando o comportamento e o estado de espírito dos que estão ao seu alcance.

Considere-se uma sala onde reside um indivíduo espiritualmente iluminado; a atmosfera pode parecer palpavelmente mais calma ou mais serena. As pessoas que entram nesse espaço podem sentir a sua inquietação a desaparecer, substituída por uma influência tranquila, como se entrassem num campo gravitacional que as puxa para uma órbita mais lenta. Não se trata apenas de uma presença metafórica, mas de uma experiência tangível em que o ambiente emocional e psicológico se inclina para o estado espiritual do indivíduo.

Orientação e definição do caminho: Navegando na Curvatura do Espaço-Tempo Espiritual

Tal como a curvatura do espaço-tempo na relatividade geral de Einstein orienta o movimento dos planetas e das estrelas, também a curvatura espiritual criada por líderes ou práticas profundamente impactantes pode orientar o percurso de vida dos indivíduos. Um líder espiritual, através das suas acções, ensinamentos e do seu próprio ser, cria um caminho que os outros podem sentir-se atraídos a seguir. A sua influência pode atuar como uma força de navegação, guiando os seguidores através das complexidades da vida, tal como as forças gravitacionais guiam os corpos celestes.

Os caminhos traçados por esses líderes não são coercivos; são persuasivos e convincentes. Os seguidores atraídos para a sua órbita podem mudar as suas trajectórias, encontrando novas direcções influenciadas pelos ensinamentos e exemplos que lhes foram dados. A vida e as acções do líder espiritual propagam-se pela sua comunidade, tal como os poços de gravidade de um corpo celeste que orientam os objectos próximos.

O efeito de arrastamento das acções: Ondas Gravitacionais de Espiritualidade

Em física, os objectos em movimento no espaço-tempo, especialmente os que estão em aceleração, como os buracos negros em colisão, podem criar ondulações conhecidas como ondas gravitacionais. Estas ondas viajam pelo cosmos, afectando outros objectos de forma subtil mas profunda. Da mesma forma, as acções tomadas no âmbito de uma estrutura espiritual podem ter efeitos de ondulação, espalhando-se muito para além do contexto imediato.

Um ato de bondade ou compaixão de um indivíduo

espiritualmente motivado pode inspirar outros, propagando-se através de uma comunidade e atingindo mesmo escalas globais. Cada ato é como uma pedra atirada para um lago, criando ondas que se propagam para fora. Estas ondas de influência positiva podem inspirar outros actos de bondade, criando uma rede de impacto espiritual que transcende o contexto original.

Nas comunidades onde estes actos se tornam comuns, o efeito cumulativo pode ser comparado a um campo gravitacional que influencia continuamente os seus habitantes. Este campo espiritual pode promover um ambiente em que os comportamentos e atitudes positivos se tornam a norma, tal como os objectos que se fixam na ranhura das curvas do espaço-tempo.

A analogia da influência espiritual como uma forma de dobragem do espaço-tempo oferece uma forma poética e perspicaz de compreender como a espiritualidade pode moldar e guiar as vidas humanas. Tal como a gravidade molda o cosmos, também a espiritualidade molda as paisagens morais e emocionais por onde navegamos. Este conceito não só realça o poder das práticas espirituais individuais e colectivas, mas também ressoa com a natureza interligada de todas as coisas, ecoando os princípios fundamentais tanto da espiritualidade como da física.

2. Transformação pessoal através da flexão espiritual

Remodelação interna: Deformar o espaço-tempo interior

O envolvimento em práticas espirituais como a meditação, a oração e outras disciplinas reflexivas actua como as forças gravitacionais no espaço-tempo, deformando a paisagem interior de um indivíduo. Esta curvatura interna afecta a forma como se percepciona o mundo, alterando crenças profundamente enraizadas e as respostas emocionais ao ambiente circundante. À medida que estes elementos internos mudam, surgem novos caminhos de pensamento e sentimento, orbitando em torno de um núcleo espiritual recentemente alinhado.

Por exemplo, a meditação regular pode alterar gradualmente a linha de base da reatividade ao stress, desviando as respostas habituais da ansiedade para a calma. Não se trata apenas de uma supressão da reação, mas de uma mudança fundamental nas vias internas, uma remodelação do espaço-tempo interno em torno de uma atração gravitacional calma e centrada. Assim, as acções e reacções de uma pessoa começam a orbitar naturalmente este centro mais calmo, tal como um planeta que se estabelece numa órbita estável em torno de uma estrela.

Superação de desafios pessoais: A gravidade da resiliência espiritual

Na vasta extensão do espaço-tempo, os objectos maciços fazem com que a luz se curve à sua volta, seguindo a curvatura sem se partir. Da mesma forma, quando os indivíduos cultivam a resiliência espiritual, desenvolvem a capacidade de se curvar em torno dos desafios da vida sem se quebrar. Esta "gravidade" espiritual actua como uma força centradora, proporcionando estabilidade e perspetiva durante tempos tumultuosos.

Este conceito pode ser visualizado considerando uma pessoa que enfrenta dificuldades pessoais significativas, semelhante a uma nave espacial que se aproxima de um planeta. A gravidade espiritual que a pessoa cultivou através de práticas como a atenção plena ou a vida compassiva fornece a força gravitacional necessária para dar a volta ao problema, em vez de chocar contra ele ou ser atirado aleatoriamente para o espaço. Oferece uma trajetória guiada que mantém a pessoa intacta e a progredir na sua viagem.

Evolução da Consciência: Viagem através do espaço-tempo curvo

Finalmente, a contínua flexão e reequilíbrio do ambiente espiritual de uma pessoa espelha a viagem de um objeto através do espaço-tempo curvo, onde a sua trajetória conduz a níveis mais elevados de compreensão e a novas realizações. À medida que os alinhamentos internos e externos de uma pessoa mudam, a consciência evolui, expandindo-se e aprofundando-se.

Esta evolução não é uma progressão simples e linear, mas uma viagem complexa e dinâmica através de uma paisagem que muda e cresce continuamente. Cada prática espiritual, cada momento de introspeção, aumenta a curvatura do espaço-tempo pessoal de cada um, direccionando-o para maiores profundidades espirituais. À medida que se movem pela vida, encontrando várias forças e influências, o seu caminho curva-se e desloca-se, conduzindo-os a novas visões e a compreensões mais profundas.

A analogia das práticas espirituais como uma forma de dobrar o espaço-tempo dentro de nós próprios ilumina a forma como estas práticas funcionam não apenas à superfície, mas transformam fundamentalmente a nossa orientação para a própria vida. Esta transformação, tal como a dança cósmica dos corpos gravitacionais, é simultaneamente bela e profunda, realçando a profunda conetividade entre as leis físicas do universo e as nossas experiências espirituais.

3. <u>Gravitação Espiritual Colectiva</u>

A noção de influência espiritual como semelhante a forças gravitacionais no espaço-tempo estende-se para além da transformação individual para abranger experiências humanas colectivas. A metáfora gravitacional ajuda a iluminar como as comunidades espirituais se formam e interagem, e como essas comunidades exercem profundas influências na cultura e na história.

Formação comunitária: Os poços de gravidade do cosmos espiritual

As comunidades espirituais, tal como os corpos celestes no universo, criam os seus próprios campos gravitacionais que dobram o espaço-tempo à sua volta. Cada comunidade, com as suas práticas e crenças espirituais únicas, exerce uma espécie de gravidade espiritual que pode atrair indivíduos e influenciar outras comunidades. Estas interacções gravitacionais fomentam redes onde as forças espirituais fortalecem e apoiam cada participante, promovendo a coesão e um sentido de propósito partilhado.

Imagine várias comunidades espirituais como estrelas numa galáxia, cada uma exercendo uma atração gravitacional e influenciando o caminho de corpos celestes próximos (pessoas ou grupos mais pequenos). Estas interacções são dinâmicas e multifacetadas, com algumas comunidades a fundirem-se em corpos maiores, outras a orbitarem umas às outras em influência mútua, e ainda outras a exercerem uma atração tão forte que atraem uma grande variedade de corpos mais pequenos à sua volta. As redes de influência resultantes criam um cosmos rico e interligado, onde cada comunidade contribui para a estabilidade e evolução do todo.

Este modelo gravitacional ajuda a explicar como as comunidades espirituais não só mantêm a coesão interna, mas também se afectam mutuamente através da proximidade, dos desafios partilhados e dos esforços de colaboração. A metáfora gravitacional permite uma compreensão matizada de como os laços espirituais podem atuar como forças que mantêm as comunidades unidas, mesmo no meio de pressões e mudanças externas.

Influência cultural e histórica: Moldando o espaço-tempo ético

Numa escala mais vasta, a "dobragem" espiritual no seio das

sociedades pode moldar profundamente as normas culturais e as trajectórias históricas. Tal como a gravidade molda o percurso dos objectos no espaço, os ensinamentos religiosos e as práticas espirituais têm moldado historicamente o "espaço-tempo" moral e ético das sociedades. Estas influências orientam as leis, os costumes e as instituições, dobrando os caminhos colectivos em direção a orientações éticas e identidades culturais específicas.

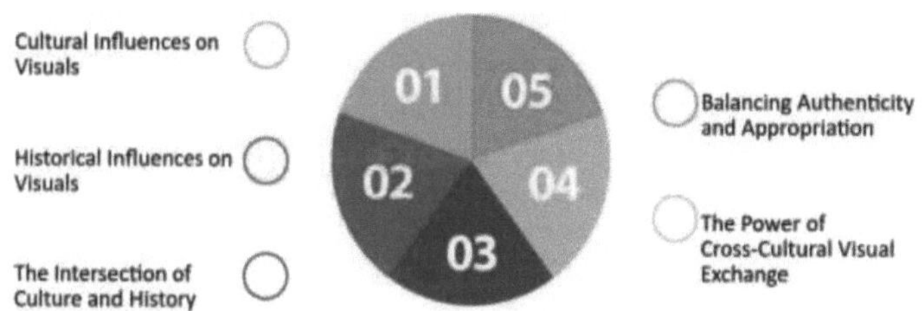

Por exemplo, a influência do budismo nas culturas da Ásia Oriental moldou os seus conceitos de comunidade, de dever e do papel do indivíduo de formas muito diferentes das moldadas, por exemplo, pelo cristianismo na Europa Ocidental. Do mesmo modo, os princípios da caridade e da compaixão presentes no Islão moldaram historicamente as estruturas sociais dos países islâmicos, influenciando os quadros jurídicos e a vida comunitária.

A analogia gravitacional ajuda a ilustrar não só a influência direta das doutrinas espirituais ou religiosas, mas também os efeitos mais subtis e a longo prazo na evolução da sociedade. Tal como o campo gravitacional de um planeta influencia a órbita das luas e dos objectos mais próximos, moldando as suas trajectórias ao longo do tempo, também os valores espirituais fundamentais de uma comunidade influenciam a sua evolução cultural, inclinando a consciência colectiva para objectivos morais e éticos específicos.

Ver a influência espiritual através da lente da dinâmica

gravitacional oferece um quadro poderoso para compreender tanto a formação de comunidades espirituais como o seu impacto cultural mais alargado. Esta perspetiva realça a interligação das práticas espirituais com as ordens sociais e cósmicas mais amplas, reforçando a ideia de que a espiritualidade, tal como a gravidade, é uma força fundamental que molda o universo - neste caso, o universo da experiência humana e da existência colectiva. Esta analogia não só aprofunda a nossa compreensão da influência espiritual, como também enriquece a nossa apreciação das dinâmicas complexas que regem as sociedades humanas e os seus percursos históricos.

A velocidade da luz e a iluminação

O conceito de luz sempre foi ricamente simbólico tanto na ciência como na espiritualidade, com a sua velocidade a tornar-se um elemento crucial na nossa compreensão do universo e do nosso lugar nele. Desde os mitos antigos até à física moderna, a luz simboliza o conhecimento, a pureza e a realidade última, sendo frequentemente utilizada de forma metafórica para discutir a iluminação em termos intelectuais e espirituais.

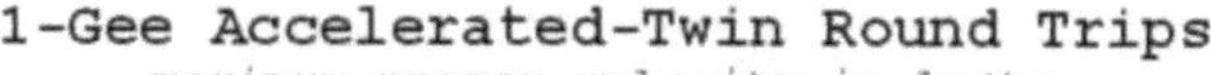

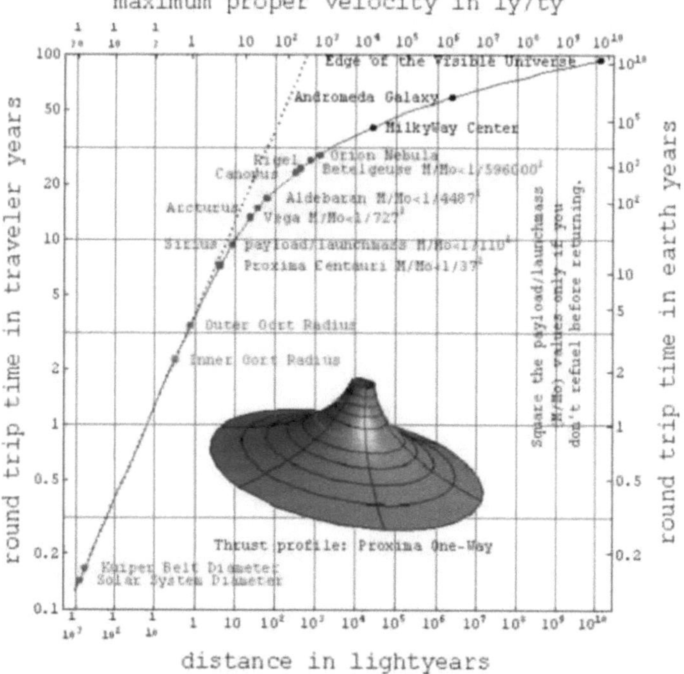

Fundamentos antigos e reflexões filosóficas

Nas civilizações antigas, a luz era frequentemente vista como uma emanação divina. Os egípcios adoravam Rá, o deus do sol, enquanto em muitas vertentes do hinduísmo a luz é associada ao supremo Brahman, a alma universal. Nestas tradições, o esclarecimento envolve uma realização ou iluminação que transcende a existência comum, tal como a luz transcende a escuridão.

Em termos filosóficos, os gregos contribuíram significativamente para a concetualização da luz e do esclarecimento. A Alegoria da Caverna, de Platão, utiliza a luz como metáfora do conhecimento e da consciência, propondo que a verdadeira compreensão advém do afastamento das sombras em direção à luz. Mais tarde, Aristóteles discutiu a luz como o meio incolor através do qual todas as cores se tornam visíveis, dando início às primeiras investigações sobre a natureza da luz.

Avanços medievais e renascentistas

Durante a Idade Média, estudiosos islâmicos como Alhazen (Ibn al-Haytham) fizeram avanços significativos na ótica, descrevendo com precisão a forma como a luz viaja e influenciando grandemente o pensamento científico europeu posterior. Em termos espirituais, os ramos místicos do Islão, como o sufismo, procuravam a iluminação através da experiência pessoal direta do divino, frequentemente descrita em termos de luz.

O Renascimento trouxe uma maior integração destes temas, uma vez que cientistas como Johannes Kepler e, mais tarde, Isaac Newton estudaram as propriedades da luz, enquanto filósofos e místicos reflectiam sobre os seus significados metafísicos. As experiências de Newton com prismas e as suas teorias da ótica começaram a desvendar as propriedades físicas da luz, mas ele continuou profundamente interessado na alquimia e na profecia bíblica, que utilizam frequentemente a metáfora da luz para uma visão espiritual.

O Iluminismo e a velocidade da luz

O período conhecido como Iluminismo, que enfatizava a razão, a ciência e o humanismo, também fez avançar a nossa compreensão da luz através de figuras como James Clerk Maxwell, que demonstrou que a luz era uma onda electromagnética. Este período coincidiu com um maior enfoque no esclarecimento intelectual, entendido como a libertação da ignorância e da superstição.

No século XIX, a medição exacta da velocidade da luz por físicos como Hippolyte Fizeau e, mais tarde, por Albert Michelson, realçou a velocidade constante da luz, uma pedra angular no desenvolvimento da teoria da relatividade de Einstein. Este conceito transformou radicalmente a nossa compreensão do espaço e do tempo, sugerindo que a velocidade da luz representa um limite cósmico e uma constante fundamental do universo.

Física moderna e paralelos místicos

A teoria da relatividade de Albert Einstein, que postula que a velocidade da luz no vácuo é a mesma para todos os observadores, independentemente do seu movimento relativo, é metaforicamente paralela à viagem mística da iluminação, que é descrita como uma verdade universal acessível a qualquer pessoa, independentemente das circunstâncias individuais, através de uma realização profunda.

Em termos contemporâneos, tanto a velocidade da luz como o conceito de iluminação continuam a evoluir, particularmente à medida que a física quântica explora as propriedades da luz a níveis subatómicos, e à medida que as discussões espirituais e filosóficas incorporam estes conhecimentos para questionar a natureza da realidade e da consciência.

A velocidade da luz continua a ser uma fronteira profunda na compreensão física do universo, simbolizando os limites do conhecimento humano e as vastas incógnitas que se encontram para além dele. Do mesmo modo, a iluminação nas tradições espirituais simboliza a compreensão suprema, muitas vezes entendida como transcendendo a experiência e a perceção humanas normais.

A luz como símbolo espiritual universal

O símbolo da luz é profundamente universal e versátil, transcendendo uma infinidade de culturas, religiões e sistemas filosóficos, cada um imbuindo-o de um profundo significado espiritual. A sua presença é omnipresente no simbolismo espiritual e religioso, onde representa normalmente a pureza, a iluminação, o conhecimento e o divino.

A luz como pureza e iluminação

A luz é frequentemente associada à pureza e à ausência de escuridão, que é frequentemente equiparada à ignorância ou ao mal. Este dualismo é evidente em muitas tradições espirituais, onde a luz simboliza o bem supremo. Por exemplo, no Cristianismo, a luz é um símbolo omnipresente, representado de forma mais proeminente por Jesus Cristo, que é referido como a "Luz do Mundo". Os crentes são encorajados a segui-lo para evitar as trevas do pecado e levar uma vida de santidade e verdade.

No budismo, a luz é central na metáfora da própria iluminação - um estado de "despertar" que ilumina a escuridão da ignorância. As imagens do Buda incluem frequentemente a aura ou a auréola de luz, significando o seu estado iluminado. Do mesmo modo, no hinduísmo, a luz é sinónimo de conhecimento e consciência, fundamental para dissipar a ignorância simbolizada pela escuridão durante festivais como o Diwali, o festival das luzes.

Orientação e Revelação

A luz também serve como símbolo de orientação, revelando o caminho a seguir e ajudando a navegar através dos desafios da vida. Esta metáfora é comum nos textos religiosos, onde a luz é o que guia os fiéis para longe do erro e em direção à salvação. No Islão, a luz (Noor) está associada a Deus e à orientação divina fornecida através do Alcorão, que é visto como uma fonte literal e metafórica de luz ou sabedoria na escuridão deste mundo.

O festival judaico de Hanukkah, o Festival das Luzes, celebra o milagre da luz da lâmpada do templo que ardeu durante oito dias com uma pequena quantidade de óleo, simbolizando o poder de sustentação da luz divina e a orientação que proporciona aos fiéis em tempos de luta.

Conexão Universal e Ordem Cósmica

Nos sistemas espirituais mais esotéricos ou da nova era, a luz representa frequentemente uma consciência mais elevada e a interconexão de toda a vida. O conceito de trabalhadores da luz, indivíduos que se acredita estarem imbuídos da missão de elevar a consciência do planeta, baseia-se fortemente na luz como símbolo do amor e da energia universais.

Em muitas culturas indígenas, a luz de corpos celestes como o Sol e a Lua é essencial para compreender os ritmos cósmicos e as ligações espirituais entre os seres humanos e o universo. Estas luzes proporcionam não só iluminação física, mas também lições espirituais e conhecimentos sobre a ordem divina da natureza.

Luz interior e transformação pessoal

A luz não funciona apenas externamente como orientação ou sabedoria, mas também internamente como um símbolo de crescimento e transformação espiritual pessoal. Esta "luz interior" é um conceito essencial no Quakerismo, onde se acredita que existe uma luz interior em cada pessoa, uma experiência direta do divino. Esta luz guia a consciência pessoal e conduz a uma verdade maior se for seguida com sinceridade.

Em todas as culturas e tradições espirituais, a luz serve como um símbolo poderoso e abrangente. Engloba os ideais mais elevados de pureza, sabedoria, ligação divina e iluminação. Quer esteja a guiar os seguidores através de dilemas morais, a celebrar a vitória sobre a escuridão ou a iluminar caminhos para uma consciência mais elevada, a luz continua a ser um emblema por excelência da busca espiritual e metafísica. Como símbolo espiritual universal, a luz faz a ponte entre o tangível e o intangível, servindo como um farol de ligação divina e uma fonte de sabedoria e pureza, guiando continuamente a humanidade para a ascensão espiritual.

Velocidade da luz: Limites e libertação

A velocidade da luz, aproximadamente 299.792 quilómetros por segundo no vácuo, é uma constante fundamental do universo que tem implicações profundas na física e na cosmologia. Representa a velocidade mais rápida a que a informação ou a matéria pode viajar através do espaço. Este limite é fundamental para a teoria da relatividade de Albert Einstein, que mostra que a velocidade da luz permanece constante independentemente do movimento do observador. Esta invariância conduz a vários fenómenos, como a dilatação do tempo e a contração do comprimento, que afectam a forma como compreendemos a natureza do tempo e do espaço. Além disso, a velocidade da luz estabelece um limite cósmico que tem impacto na nossa capacidade de explorar e compreender o Universo, definindo não só a forma como observamos os objectos astronómicos, mas também colocando limites fundamentais ao potencial de viagens interestelares. Observar objectos no espaço é semelhante a olhar para trás no tempo, dado que a luz de estrelas e galáxias distantes demora anos ou séculos a chegar até nós. Por conseguinte, a velocidade da luz não só dita os limites físicos da causalidade e da interação no universo, como também enquadra a nossa compreensão existencial e filosófica do nosso lugar no mesmo.

Os limites

1. Limitação física

A invariabilidade da velocidade da luz a aproximadamente 299.792 quilómetros por segundo no vácuo constitui a pedra angular da física moderna. Este limite absoluto desafia e reformula a nossa compreensão do que é possível no domínio físico:

- Viagens espaciais e comunicação: O facto de nada poder exceder a velocidade da luz tem implicações profundas para as viagens espaciais. Estabelece um limite prático para a rapidez com que podemos viajar entre estrelas e galáxias, tornando as viagens interestelares uma proposta assustadora, se não mesmo impossível. Esta limitação também afecta a forma como comunicamos a grandes distâncias no espaço, afectando a viabilidade da comunicação em tempo real através do cosmos.

. Dilatação do tempo: À medida que os objectos se aproximam da velocidade da luz, os efeitos relativistas, como a dilatação do tempo, tornam-se significativos. O tempo parece abrandar em relação aos observadores em repouso, o que tem implicações não só para as viagens espaciais teóricas mas também para a compreensão do comportamento das partículas a altas velocidades em experiências como as realizadas em aceleradores de partículas.

2. Barreira epistemológica

A velocidade finita da luz afecta não só as nossas capacidades físicas, mas também a nossa compreensão e conhecimento do universo:

- Observação do Universo: Uma vez que a luz viaja a uma velocidade finita, cada observação que fazemos de objectos distantes é essencialmente um olhar para trás no tempo. Por exemplo, observar uma galáxia a 100 milhões de anos-luz de distância mostra-nos essa galáxia tal como era há 100 milhões de anos. Este "desfasamento temporal" limita o nosso conhecimento do estado atual do Universo, confinando-nos a uma "bolha temporal" observacional.
- Horizonte Cósmico: Há um limite para a distância que podemos ver e, portanto, para o que podemos saber sobre o Universo. O Universo observável é limitado não só pelo tamanho, mas também pela idade do próprio Universo e pela velocidade a que a luz dos acontecimentos mais antigos pode chegar até nós. Para além deste horizonte cósmico, o Universo permanece desconhecido e incognoscível, apresentando uma barreira fundamental à nossa compreensão da paisagem cósmica completa.

3. Limites existenciais

A velocidade da luz também enquadra as contemplações existenciais sobre o nosso papel e significado num vasto universo:

. Perspetiva humana: Reconhecer que o Universo opera em escalas tão vastas que a própria luz leva milhares de milhões de anos a atravessá-las pode evocar um sentimento de admiração e humildade. Sublinha o nosso lugar minúsculo dentro da ordem cósmica, desafiando as nossas percepções de importância e escala.

. Implicações filosóficas: Os limites da luz convidam à investigação filosófica sobre a natureza da realidade e a nossa capacidade de a compreender. Pedem-nos que consideremos se há aspectos do universo fundamentalmente inacessíveis à compreensão humana e o que significa viver num universo onde tais limites existem.

Reflexões mais amplas

A compreensão dos limites da velocidade da luz enriquece a nossa visão da física, da filosofia e da nossa realidade existencial. Sublinha não só os limites da capacidade e compreensão humanas, mas também o nosso impulso para ultrapassar esses limites, explorando para além do visível e do conhecível. Estas reflexões não só expandem a nossa compreensão do universo, como também aprofundam a nossa procura de significado dentro dele.

Libertação através da compreensão

Ligação cósmica: A velocidade da luz desempenha um papel crucial na nossa compreensão do universo. Cada fotão que nos chega de uma estrela ou galáxia distante transporta consigo informação de uma época passada. Os astrónomos analisam esta luz para decifrar a idade do Universo, a composição das estrelas e das galáxias e as forças fundamentais que governam a evolução cósmica. Este conhecimento permite-nos traçar a história do cosmos, fornecendo uma imagem mais clara da forma como o Universo evoluiu ao longo de milhares de milhões de anos. Aprofunda a nossa ligação com o universo, fundamentando a nossa existência numa narrativa cósmica mais vasta que transcende as fronteiras individuais e culturais. Esta ligação profunda reafirma o nosso lugar no cosmos, oferecendo uma perspetiva única sobre as nossas origens e o nosso futuro.

Iluminação espiritual: Em muitas filosofias espirituais, a luz é mais do que um fenómeno físico; simboliza a pureza, a sabedoria e a dissipação da ignorância. A velocidade finita da luz oferece uma metáfora poderosa para a viagem da iluminação espiritual, que é muitas vezes gradual e se desenrola ao longo do tempo, tal como a luz de estrelas distantes leva tempo a chegar até nós. Este atraso representa a paciência necessária no caminho do crescimento espiritual, sugerindo que a iluminação é um processo e não um acontecimento instantâneo. A viagem de um fotão espelha a viagem espiritual de um indivíduo - movendo-se firmemente através de obstáculos, influenciado pelos ambientes que atravessa, mas sempre impulsionado por uma natureza intrínseca constante.

Avanços tecnológicos: A compreensão das propriedades da luz catalisou avanços tecnológicos significativos que transformaram a sociedade. O desenvolvimento de lasers e fibras ópticas revolucionou as tecnologias médicas, as redes de comunicação e o processamento de informação. Estas inovações estão diretamente relacionadas com a nossa compreensão do modo como a luz se comporta a diferentes velocidades e em vários meios. À medida que a investigação prossegue, especialmente em domínios como a mecânica quântica e a fotónica, aproximamo-nos de descobertas potencialmente revolucionárias, como a computação quântica e as tecnologias avançadas de propulsão espacial. Estas poderão, um dia, permitir-nos ultrapassar algumas das limitações físicas impostas pela velocidade da luz, nomeadamente na transmissão de dados e na transferência de energia.

Através destas dimensões, a velocidade da luz não só delineia fronteiras físicas, como também facilita uma compreensão mais profunda do nosso universo, oferece metáforas para a exploração espiritual e impulsiona a inovação tecnológica que expande as nossas capacidades práticas. Cada um destes aspectos sublinha a forma como os conceitos científicos fundamentais podem influenciar e ser influenciados por narrativas intelectuais e culturais mais vastas, conduzindo a uma compreensão mais rica e integrada do nosso mundo.

Iluminação: Compreensão Instantânea nas Tradições Espirituais

A iluminação, o pináculo da realização espiritual, transcende as limitações do tempo, do espaço e da perceção comum. Representa o culminar da viagem de um buscador em direção à verdade suprema, caracterizada por uma profunda mudança de consciência e uma experiência direta da realidade sem nuvens de ilusão. Em várias tradições espirituais, desde as antigas filosofias orientais até ao misticismo ocidental moderno, a iluminação é descrita como um estado de compreensão instantânea - um momento de despertar que rasga o véu da ignorância e revela a essência intemporal da existência.

Nas tradições orientais, como o hinduísmo, o budismo e o taoísmo, a iluminação é frequentemente descrita como a realização da verdadeira natureza de uma pessoa ou a obtenção da libertação espiritual. Na filosofia hindu, o conceito de "moksha" ou libertação significa a liberdade do ciclo de nascimento e morte, alcançada através da auto-realização e da união com o divino. Da mesma forma, no budismo, a iluminação, ou "bodhi", é o despertar para a natureza da realidade, levando à cessação do sofrimento e à obtenção do Nirvana. A tradição Zen dentro do Budismo enfatiza experiências súbitas de iluminação conhecidas como "satori", em que o praticante tem uma realização direta e intuitiva da sua natureza búdica inerente, muitas vezes desencadeada por um insight espontâneo ou pelo ensinamento de um mestre. O taoísmo, com sua ênfase na harmonia com a ordem natural, descreve a iluminação como o alinhamento com o Tao, o princípio subjacente do universo, e a transcendência das distinções entre o eu e o outro.

Nas tradições místicas ocidentais, a iluminação assume várias formas, desde o conceito cristão de "gnose" até às experiências místicas relatadas pelos poetas sufis e pelos cabalistas judeus. A gnose, derivada da palavra grega para conhecimento, refere-se a uma compreensão direta e experimental das verdades espirituais para além da mera compreensão intelectual. No misticismo cristão, figuras como Meister Eckhart e Teresa de Ávila falaram da união com Deus e da viagem da alma em direção à iluminação divina. Os místicos sufis, através de práticas como o dhikr (recordação de Deus) e o sama (audição espiritual), procuram atingir um estado de "fana", ou aniquilação do eu, que conduz à realização da unidade divina. A Cabala, o ramo místico do Judaísmo, ensina que a iluminação envolve a ascensão através das sefirot, as emanações divinas, para se reunir com a fonte infinita da criação.

Apesar da diversidade de contextos culturais e religiosos, a essência da iluminação permanece consistente - uma realização experimental da natureza fundamental da realidade, sem mediação do pensamento concetual ou da perceção sensorial. Esta compreensão instantânea é muitas vezes descrita como um momento de clareza, no qual todas as dúvidas, medos e ilusões se dissolvem, deixando para trás uma profunda sensação de paz, integridade e interligação. A metáfora do despertar é comummente utilizada para transmitir esta experiência transformadora, sugerindo uma mudança de um estado de ignorância espiritual ou sono para um estado de lucidez e consciência.

A questão coloca-se: Como é que se atinge a iluminação? Embora vários caminhos espirituais ofereçam diferentes metodologias e práticas, todos partilham um objetivo comum: transcender o sentido limitado do eu e reconhecer a unidade subjacente da existência. A meditação, a contemplação, a oração, a auto-investigação e a purificação moral estão entre as muitas técnicas utilizadas para acalmar a mente, cultivar a quietude interior e abrir-se à experiência direta da realidade. No entanto, é essencial reconhecer que a iluminação não pode ser alcançada através de mero esforço ou luta; é, em última análise, uma graça ou dádiva que surge espontaneamente quando as condições são propícias.

O papel dos professores ou mestres espirituais é crucial em muitas tradições, pois eles servem como guias ou catalisadores para a jornada do buscador. Através da sua sabedoria, presença e transmissão de energia espiritual (shakti pat no Hinduísmo, barakah no Islão), ajudam a despertar o potencial latente dentro do aspirante e facilitam o processo de iluminação. No entanto, em última análise, a realização da iluminação é uma experiência profundamente pessoal e subjectiva, transcendendo quaisquer formas ou intermediários externos.

A iluminação não é um ponto final, mas um começo - um desdobramento contínuo de perceção, sabedoria e compaixão. Mesmo aqueles que experimentaram momentos profundos de despertar continuam a aprofundar a sua compreensão e a integrá-la nas suas vidas diárias. O indivíduo iluminado não está desligado do mundo, mas totalmente envolvido, agindo com espontaneidade e autenticidade para o benefício de todos os seres. Neste sentido, a iluminação não é um estado de abstinência ou escapismo, mas uma transformação radical da consciência que nos capacita a viver com maior clareza, objetivo e amor.

Em conclusão, a iluminação, tal como entendida em várias tradições espirituais, representa um estado de compreensão instantânea - um despertar para a verdade última da existência. Quer seja descrita como auto-realização, união com o divino ou gnose, envolve transcender as limitações da mente egoica e perceber diretamente a essência intemporal da realidade. Embora os caminhos para a iluminação possam ser diferentes, todos eles partilham o objetivo comum de despertar para a unidade inerente e a interligação de toda a vida. Em última análise, a iluminação não é um objetivo distante a ser alcançado, mas uma realidade presente a ser realizada, aqui e agora, em cada momento de consciência e despertar.

Física Quântica e Espiritualidade

A jornada de entrelaçamento da física quântica com a espiritualidade começa no início do século XX, quando os cientistas estavam a debater-se com as descobertas que desafiavam a mecânica clássica newtoniana. A velha física retratava um universo previsível e mecanicista, mas as teorias quânticas emergentes sugeriam uma natureza da realidade fundamentalmente diferente, interligada e menos previsível. A quantização da energia por Max Planck, a explicação do efeito fotoelétrico por Albert Einstein e o modelo atómico de Niels Bohr lançaram as pedras basilares da mecânica quântica, que acabaria por abalar a compreensão filosófica e espiritual do mundo.

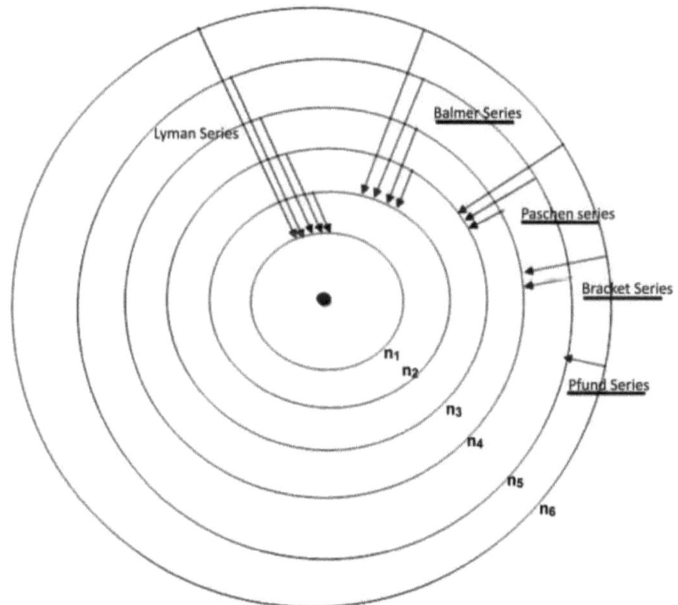

Na sua essência, a física quântica explora o comportamento das partículas mais pequenas de matéria e energia, revelando fenómenos como o emaranhamento, a sobreposição e o efeito do observador, em que as partículas existem em múltiplos estados simultaneamente até serem medidas ou observadas. Estes fenómenos sugeriram um universo menos determinista e mais probabilista, abrindo interpretações que se estenderam para além das ciências físicas, no domínio da consciência humana e da espiritualidade.

A primeira figura notável a fazer a ponte entre a física quântica e questões metafísicas mais profundas foi provavelmente Erwin Schrodinger. A sua famosa experiência de pensamento, o gato de Schrodinger, ilustra o paradoxo da sobreposição - o gato está simultaneamente vivo e morto até ser observado. Este facto conduziu a debates filosóficos sobre o papel do observador na determinação da realidade, um conceito que ecoa em várias tradições espirituais que defendem que a consciência é fundamental para a realidade.

O princípio da incerteza de Werner Heisenberg alimentou ainda mais o diálogo entre a ciência e a espiritualidade ao estabelecer limites para a exatidão com que podemos conhecer a posição e o momento de uma partícula. Esta incerteza inerente ressoou com filosofias orientais como o budismo e o hinduísmo, que enfatizam os limites da perceção humana e a interconexão de todas as coisas.

As décadas de 1970 e 1980 assistiram a um aumento do interesse pela ligação entre a mecânica quântica e a espiritualidade, fortemente influenciado pela obra de Fritjof Capra "O Tao da Física", que traçava explicitamente paralelos entre a física quântica e as tradições espirituais orientais. Capra argumentou que tanto a física quântica como o misticismo oriental sugerem um universo dinâmico e inter-relacionado e que estas ideias científicas se reflectem no mundo espiritual.

Esta era também assistiu ao desenvolvimento do princípio holográfico, que sugere que o universo pode ser visto como uma estrutura de informação bidimensional "pintada" no horizonte cosmológico, de tal forma que as três dimensões que observamos são apenas uma aproximação da realidade. A ideia de que o universo inteiro pode ser uma projeção ou um holograma tem implicações filosóficas e espirituais, sugerindo verdades profundas sobre a unidade e a ilusão de estruturas físicas que as tradições espirituais há muito propõem.

Deepak Chopra e outros proponentes da espiritualidade da Nova Era levaram estas ideias mais longe, propondo que a mecânica quântica não só apoia como demonstra ativamente princípios espirituais como o poder da intenção ou a existência de uma consciência não material que influencia a realidade material. Os críticos, incluindo muitos físicos, argumentam que tais interpretações são uma aplicação incorrecta da física quântica, que não implica necessariamente verdades espirituais sobre o universo.

Atualmente, o diálogo entre a física quântica e a espiritualidade continua com perspectivas variadas. Alguns investigadores exploram a consciência com a mecânica quântica para compreender a sua natureza e origens, enquanto outros procuram

O estudo dos fenómenos quânticos através de uma lente espiritual procura uma maior síntese entre a ciência e a espiritualidade. A integração da física quântica com a investigação espiritual desafia e expande os limites do que é conhecido, apontando para uma ligação profunda entre o domínio dos fenómenos físicos e a perceção humana.

Emaranhamento: Uma Analogia Espiritual

O conceito de emaranhamento na física quântica oferece uma analogia rica e ilustrativa para explorar conceitos espirituais, particularmente aqueles relacionados à interconexão, à unidade e aos laços transcendentes que existem entre entidades aparentemente separadas. O emaranhamento quântico ocorre quando pares ou grupos de partículas interagem de tal forma que o estado quântico de cada partícula não pode ser descrito independentemente do estado das outras, mesmo quando as partículas estão separadas por grandes distâncias. Este fenómeno peculiar sugere um nível profundo de ligação que desafia as leis clássicas da física e a nossa compreensão intuitiva da realidade.

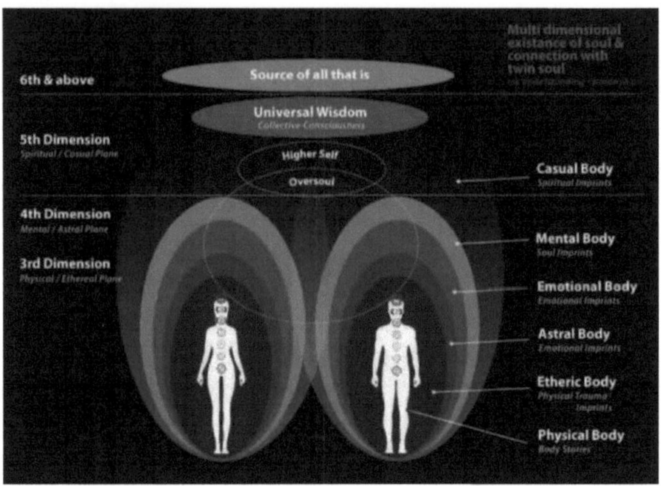

As tradições espirituais e a noção de ligação

Em muitas tradições espirituais, existe uma crença central na interconexão fundamental de todas as coisas. Isto é visível na filosofia Advaita Vedanta do Hinduísmo, que postula que toda a diversidade no universo é uma ilusão (maya) e que, no seu âmago, tudo é uma consciência pura e indiferenciada (Brahman). Do mesmo modo, no budismo, a doutrina da originação dependente afirma que todos os fenómenos surgem na dependência de outros fenómenos: nada existe numa realidade absoluta e independente.

As tradições místicas das religiões abraâmicas, como a Cabala no Judaísmo, o Sufismo no Islão e o misticismo no Cristianismo, também exploram temas de interligação. Os cabalistas, por exemplo, vêem o universo como uma teia de relações em que cada ato tem impacto no todo. Os sufistas falam da unicidade da existência (Wahda al-Wajid), sublinhando que toda a existência é uma realidade única e que Deus e o universo não estão separados.

O emaranhamento como analogia espiritual

Aplicando a analogia do emaranhamento quântico a essas visões espirituais, pode-se conceituar a conexão profunda e intrínseca que as tradições espirituais sugerem existir entre todos os elementos do universo. Assim como as partículas emaranhadas permanecem conectadas de modo que a ação realizada em uma afeta a outra, não importando a distância física entre elas, as tradições espirituais sugerem que todas as ações, pensamentos e eventos estão interconectados no tecido cósmico.

Esta analogia também pode ser alargada às relações humanas e à consciência. Em contextos espirituais, os indivíduos são frequentemente vistos não apenas como seres isolados, mas como partes integrantes de um todo maior. As acções e os pensamentos propagam-se através desta teia de interligação, afectando o indivíduo e o coletivo. Esta perspetiva encoraja um sentido de responsabilidade moral e ética para com os outros e o ambiente, sustentado pelo reconhecimento de que cada ação tem implicações mais vastas.

Implicações do emaranhamento espiritual

Compreender a vida através da lente do emaranhamento pode levar a uma forma de viver mais compassiva e empática. Se virmos todas as pessoas, criaturas e partes da natureza como fundamentalmente interligadas, as barreiras artificiais da divisão e da separação começam a dissolver-se. Isto pode fomentar uma abordagem mais inclusiva na forma como nos tratamos uns aos outros e ao nosso ambiente, promovendo a unidade em vez da divisão e a cooperação em vez do conflito.

Para além disso, a analogia do emaranhamento desafia a noção de ego individual e de separação. Pode servir como uma ferramenta transformadora no crescimento espiritual, incitando os indivíduos a expandir a sua consciência para além dos limites da identidade individual para abraçar uma identidade mais ampla e inclusiva que se alinha com todo o cosmos. Esta mudança de perspetiva está no centro de muitas experiências místicas e é frequentemente descrita como uma perceção direta ou um despertar para a verdadeira natureza da realidade.

Desafios e considerações

Embora o emaranhamento forneça uma analogia convincente, também é importante abordar essas comparações com cautela. O risco de confundir conceitos científicos e espirituais sem o devido contexto pode levar a mal-entendidos de ambos. Além disso, embora a mecânica quântica forneça paralelos intrigantes, continua a ser uma ciência física preocupada com os aspectos materiais da realidade, enquanto a espiritualidade lida frequentemente com o imaterial e o transcendente.

Apesar destas ressalvas, a metáfora do emaranhamento encerra valiosos conhecimentos para a exploração e compreensão espiritual. Faz a ponte entre a ciência e a espiritualidade, sugerindo que talvez a física moderna esteja a descobrir uma dimensão da realidade que os mestres espirituais têm apontado há milénios: que toda a existência está profundamente ligada, transcendendo a aparente separação observada ao nível da superfície. Esta perceção pode inspirar uma apreciação mais profunda do mistério e da unidade da vida, encorajando uma abordagem mais holística, compassiva e unificada da vida.

Advantages	Disadvantages
Enhances Understanding of Interconnectedness	**Risk of Misinterpretation**
Using the concept of entanglement can help illustrate the spiritual principle that all things in the universe are interconnected, reinforcing teachings found in various spiritual traditions.	Quantum entanglement is a complex and often misunderstood aspect of physics, and using it as a spiritual analogy without proper understanding could lead to misconceptions about both spirituality and science.
Bridges Science and Spirituality	**Oversimplification of Science**
This analogy can serve as a bridge between scientific and spiritual communities, fostering dialogue and exploring common grounds of understanding.	There is a risk of oversimplifying or misrepresenting quantum mechanics in attempts to make it fit spiritual narratives, potentially undermining the scientific integrity of the concept.
Promotes a Holistic Worldview	**Potential for Pseudo-scientific Interpretations**
By conceptualizing everything as deeply connected, people may adopt more holistic and sustainable practices, recognizing how their actions influence the larger world.	The spiritual use of scientific terms can lead to pseudo-scientific interpretations, where spiritual claims might be seen as scientifically validated when they are not.
Encourages Ethical Behavior	**Difficult Conceptual Stretch**
If individuals see their actions as having a direct impact on others and the universe (similar to how entangled particles affect each other), it might encourage more ethical behavior across societies.	Quantum entanglement involves non-locality and other non-intuitive properties that may be difficult to meaningfully translate into spiritual practices or beliefs.
Inspires Awe and Wonder	**Cultural and Philosophical Misalignments**
The mystery and profound nature of entanglement can evoke a sense of awe and expand one's sense of mystery about the universe, enriching the spiritual experience.	The analogy may not align well with all cultural contexts or spiritual philosophies, potentially leading to conflicts or misunderstandings.

✦ Incerteza e livre-arbítrio na espiritualidade

A interação entre a incerteza e o livre arbítrio apresenta um diálogo intrigante no seio de várias tradições espirituais, abordando questões profundas sobre a natureza da existência, do destino e do arbítrio humano. Ambos os conceitos desafiam a nossa compreensão da previsibilidade da vida e do nosso papel dentro dela.

A incerteza na espiritualidade

A incerteza, num contexto espiritual, refere-se frequentemente à ideia de que certos aspectos da vida, do comportamento humano e do universo não estão predeterminados, permitindo múltiplas possibilidades e resultados. Esta noção alinha-se com a crença de que o universo contém elementos de aleatoriedade ou caos, que não são inteiramente conhecíveis, previsíveis ou controláveis pela vontade divina ou humana.

Em muitas filosofias espirituais, esta incerteza não é uma falha ou erro, mas um aspeto fundamental da conceção do mundo. Permite uma criação dinâmica e evolutiva na qual o livre arbítrio pode atuar. Por exemplo, em tradições teístas como o Cristianismo, o Islamismo e o Judaísmo, Deus é frequentemente visto como omnisciente e omnipotente, mas permite o livre arbítrio humano, uma permissão que introduz um grau de incerteza nas acções humanas e nas suas consequências.

Nas filosofias orientais, como o budismo e o hinduísmo, a incerteza surge no contexto da compreensão e perceção humanas da realidade. O conceito de "Maya", ou ilusão no Hinduísmo, e a ênfase na impermanência no Budismo reflectem a ideia de que as percepções humanas da realidade são inerentemente instáveis e estão em constante mudança, o que sublinha um universo em fluxo, onde nada é inteiramente certo ou permanente.

O livre arbítrio na espiritualidade

O livre arbítrio no discurso espiritual é a liberdade de autodeterminação, em que um indivíduo possui a capacidade de escolher entre alternativas e dirigir as suas próprias acções. Em muitas tradições espirituais, o livre-arbítrio é essencial porque está na base da responsabilidade moral e da vida ética.

Nas religiões teístas, o livre arbítrio é muitas vezes o que permite aos seres humanos escolher entre o bem e o mal, tornando-os moralmente responsáveis pelas suas acções. Esta escolha é fundamental para o crescimento e desenvolvimento da alma em muitas narrativas espirituais. Por exemplo, no cristianismo, o livre-arbítrio é uma dádiva de Deus, que permite ao ser humano optar por seguir a vontade divina ou rejeitá-la, o que constitui um aspeto fundamental das discussões éticas e morais cristãs.

Nas tradições não-teístas, como o budismo, o livre arbítrio é frequentemente discutido em termos de escolhas que conduzem à iluminação ou ao sofrimento contínuo. O conceito de Karma representa o princípio espiritual de causa e efeito, em que a intenção e as acções de um indivíduo influenciam o seu futuro. Isto implica uma forma de livre-arbítrio espiritual, em que as escolhas de um indivíduo têm um impacto direto na sua progressão espiritual.

Interação entre a incerteza e o livre arbítrio

A interação entre a incerteza e o livre arbítrio é fundamental, pois cria um quadro significativo para a existência humana. A incerteza garante que a vida não é um guião predeterminado, abrindo assim espaço para verdadeiros actos de livre arbítrio. Se cada acontecimento ou resultado já estivesse decidido, então o significado moral e espiritual de escolher bem ou mal seria discutível.

Esta dinâmica desempenha um papel crucial no crescimento

espiritual e na evolução da consciência. A incerteza desafia os indivíduos a procurar continuamente, adaptar-se e fazer escolhas na sua busca pela verdade espiritual e integridade moral. Leva os crentes a envolverem-se ativamente com a sua fé, a questionarem profundamente a natureza da existência e, por fim, a fazerem escolhas significativas que reflictam os seus valores e crenças.

Em resumo, a incerteza e o livre arbítrio são conceitos complementares nas tradições espirituais que fornecem uma estrutura para a compreensão da experiência humana e do cosmos. A incerteza traz dinamismo e imprevisibilidade ao mundo, permitindo que o livre-arbítrio se manifeste como um agente genuíno de mudança e responsabilidade moral. Em conjunto, estes conceitos promovem uma visão do mundo que enfatiza o crescimento, a aprendizagem e a eterna viagem da alma em direção à iluminação ou à união com o divino. Estes temas convidam à exploração e interpretação contínuas, realçando a rica tapeçaria de crenças que liga os indivíduos à narrativa mais vasta e misteriosa da existência.

Concept	Advantages	Disadvantages
Uncertainty	**Encourages Spiritual Growth:** Uncertainty in life's outcomes can lead individuals to seek deeper spiritual insights and rely more on faith.	**Can Lead to Anxiety:** The unpredictability of life and spiritual matters can cause stress and anxiety for some believers.
	Promotes Faith and Reliance on Higher Powers: Uncertainty can strengthen faith, as believers may turn to spiritual guidance to navigate unknowns.	**Potential for Fatalism:** Excessive focus on uncertainty can make individuals feel powerless and resigned to fate.
	Enhances Humility: Recognizing that not everything is knowable or controllable can foster humility and openness to new perspectives.	**Challenges to Doctrine:** In religious contexts, too much emphasis on uncertainty can challenge doctrinal teachings about divine providence or omniscience.
Free Will	**Fosters Moral Responsibility:** Free will is fundamental for ethical decision-making, holding individuals accountable for their actions.	**Philosophical Paradoxes:** Free will can lead to complex debates about predestination and divine foreknowledge, especially in theological contexts.
	Empowers Individuals: Belief in free will encourages personal agency and the ability to change one's life path and make meaningful choices.	**Burden of Choice:** With free will comes the burden of choice, which can be overwhelming, especially when considering the moral weight of decisions.
	Supports Justice and Reward Concepts: In many religions, the concept of free will is crucial for justifying rewards and punishments in the afterlife or karmic cycles.	**Inequality in Circumstances:** The reality that some people's choices are limited by their circumstances can complicate notions of free will and moral responsibility.

- **A teoria quântica e a ideia de consciência conectada**

A teoria quântica, que constitui a base da nossa compreensão da física à escala microscópica, tem intrigado não só os cientistas, mas também os filósofos e os interessados no estudo da consciência. Enquanto a física clássica lida com o comportamento previsível dos objectos à escala do quotidiano, a mecânica quântica revela um mundo muito menos intuitivo, onde partículas como os electrões e os fotões podem comportar-se tanto como partículas como como ondas, existir em sobreposição de estados e ficar emaranhados à distância.

A ideia de uma "consciência interligada" é um salto mais especulativo, que sugere que, se tudo a nível quântico está interligado (tal como implica o emaranhamento quântico e a não-localidade), talvez a própria consciência possa estar profundamente ligada a este nível fundamental. Esta especulação aparece frequentemente em discussões que alargam as implicações da mecânica quântica ao domínio da metafísica.

Noções básicas de teoria quântica:

Dualidade onda-partícula

A dualidade onda-partícula é um conceito fundamental da mecânica quântica que descreve o modo como as partículas elementares, como os electrões e os fotões, apresentam um comportamento simultaneamente ondulatório e particulado. Esta natureza dual é melhor exemplificada pela experiência da dupla fenda, que mostra que a luz pode apresentar características tanto de onda como de partícula.

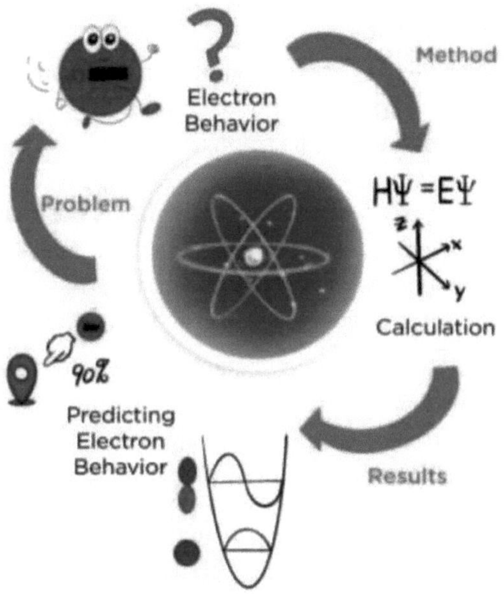

Na experiência da dupla fenda, quando partículas como os electrões são disparadas contra um ecrã através de duas fendas paralelas, produzem um padrão de interferência típico das ondas. Este padrão indica que cada partícula passa simultaneamente pelas duas fendas, comportando-se mais como uma onda que se espalha no espaço. No entanto, se se tentar observar o percurso da partícula através de uma das fendas (colocando um detetor perto de uma das fendas), o padrão de interferência desaparece e os electrões comportam-se como partículas, passando cada uma delas por uma ou outra fenda, e não por ambas.

Este comportamento peculiar desafia a física clássica, que dita que qualquer objeto deve ser uma partícula ou uma onda. A mecânica quântica, no entanto, permite que as partículas estejam num estado de sobreposição - parcialmente em todos os estados possíveis ao mesmo tempo - até serem medidas.

Sobreposição

A sobreposição é outra pedra angular da mecânica quântica, afirmando que uma partícula pode existir em vários estados ao mesmo tempo até ser observada. Quando não estão a ser observados, os sistemas quânticos podem ser descritos por uma função de onda que engloba todos os estados possíveis em que o sistema pode estar. Por exemplo, um bit quântico, ou qubit, utilizado na computação quântica pode existir num estado de 0, 1 ou em qualquer sobreposição quântica destes estados.

O ato de medição provoca o "colapso" desta função de onda, com o sistema a fixar-se numa das configurações possíveis. Esta natureza probabilística da mecânica quântica é o que permite que as partículas quânticas existam em múltiplos estados simultaneamente e é o que diferencia nitidamente a mecânica quântica da mecânica clássica.

Emaranhamento

O entrelaçamento quântico é talvez o aspeto mais misterioso e intrigante da mecânica quântica. Ocorre quando pares ou grupos de partículas são gerados ou interagem de tal forma que o estado quântico de cada partícula não pode ser descrito independentemente do estado das outras, mesmo quando as partículas estão separadas por grandes distâncias.

As partículas emaranhadas permanecem ligadas de modo a que o estado de uma (independentemente da distância que as separa) esteja instantaneamente correlacionado com o estado da outra. Se o estado quântico de uma partícula for medido, o estado correspondente da outra partícula é instantaneamente conhecido, independentemente da distância que as separa. Esta ligação instantânea parece exceder a velocidade da luz, o que levou Einstein a descrevê-la como "ação fantasmagórica à distância".

Apesar do ceticismo inicial, o emaranhamento tem sido

repetidamente demonstrado experimentalmente e é agora um recurso fundamental em tecnologias emergentes como a computação quântica e a criptografia quântica.

Cada um destes conceitos - dualidade onda-partícula, sobreposição e emaranhamento - desafia a nossa intuição clássica sobre o funcionamento do mundo físico e ilustra a natureza profunda e muitas vezes bizarra da mecânica quântica. Embora estes princípios possam parecer abstractos ou mesmo perturbadores, são fundamentais para muitas tecnologias modernas, incluindo os semicondutores e as máquinas de ressonância magnética, e têm potencial para desenvolvimentos revolucionários na computação e nas comunicações seguras no futuro.

Ligação à Consciência:

A ligação entre a mecânica quântica e a consciência é uma área de exploração profunda e provocadora que entrelaça elementos da física, da filosofia e da neurociência. As ideias do Efeito do Observador e da não-localidade da mecânica quântica inspiraram hipóteses na filosofia da mente e teorias sobre a natureza da consciência.

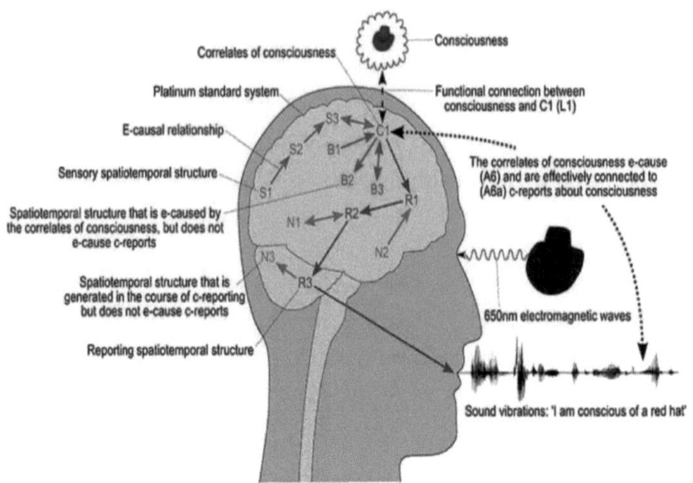

Efeito observador e consciência

O efeito do observador na mecânica quântica refere-se ao fenómeno em que o ato de observar um sistema quântico parece afetar o estado desse sistema. Este fenómeno é ilustrado de forma mais famosa na experiência da dupla fenda, em que os electrões se comportam de forma diferente consoante as suas trajectórias sejam ou não observadas. Quando não observados, apresentam um comportamento ondulatório, criando um padrão de interferência indicativo de uma onda que passa simultaneamente pelas duas fendas. No entanto, quando as suas trajectórias são observadas, comportam-se como partículas, e o padrão de interferência ondulatório desaparece.

Algumas interpretações da mecânica quântica propõem que este colapso da função de onda, induzido pela medição, implica um papel especial para a consciência no tecido da realidade. Os defensores deste ponto de vista sugerem que, uma vez que parece ser necessário um observador consciente para colapsar a função de onda, a própria consciência pode ser fundamental para o funcionamento do universo. Os críticos argumentam, no entanto, que qualquer interação equivalente a uma medição, consciente ou não, pode fazer colapsar a função de onda, minando assim o papel único da consciência.

Não-localidade e interconexão universal

O emaranhamento quântico e o fenómeno da não-localidade - em que as partículas emaranhadas permanecem instantaneamente ligadas através de vastas distâncias - acrescentam outra camada de intriga. Isto sugere que o mundo físico pode ser fundamentalmente não-local; as acções numa parte do universo podem ter efeitos imediatos noutras partes, desafiando a visão clássica de que os sinais precisam de viajar através do espaço e do tempo.

No contexto da consciência, esta natureza não-local do emaranhamento quântico tem sido apresentada como uma potencial analogia ou mesmo um mecanismo para uma forma de consciência universalmente interligada. Filósofos e teóricos especulativos sugeriram que, se os elementos básicos do universo estão ligados de forma não local, talvez a própria consciência seja igualmente não local. Isto poderia, teoricamente, permitir que fenómenos como a telepatia ou a consciência colectiva fossem explicados em termos de processos de mecânica quântica. No entanto, estas ideias são altamente especulativas e permanecem à margem do discurso científico dominante devido à falta de apoio empírico e de um mecanismo claro que ligue os processos quânticos à atividade neural.

Desafios científicos e filosóficos

A ligação entre a consciência e a mecânica quântica enfrenta desafios significativos:

. Provas empíricas: Atualmente, não existem provas empíricas de que a consciência possa afetar os estados quânticos no cérebro, nem de que o cérebro funcione segundo princípios da mecânica quântica de uma forma que seja relevante para a consciência. As temperaturas, ambientes e escalas em que o cérebro funciona parecem excluir efeitos quânticos significativos, que são tipicamente observáveis ao nível das partículas subatómicas a temperaturas extremamente baixas.

. O Problema Difícil da Consciência: Descrito pelo filósofo David Chalmers, o problema difícil da consciência é compreender por que razão ou como os processos físicos no cérebro dão origem à experiência subjectiva. Mesmo que os processos quânticos estivessem de alguma forma envolvidos, isso não explicaria necessariamente como é que as experiências subjectivas surgem dos sistemas físicos.

- Causalidade: Ligar o emaranhamento à consciência requer um salto na compreensão dos actuais princípios de causalidade. O facto de as partículas quânticas se poderem influenciar umas às outras instantaneamente através do espaço não implica que a consciência possa fazer o mesmo, nem que tais fenómenos possam ser escalados até ao nível da atividade cerebral.

Embora a mecânica quântica e os seus estranhos fenómenos como o Efeito Observador e a não-localidade inspirem discussões fascinantes sobre a natureza da realidade e da consciência, continuam a ser especulativos no contexto dos estudos da consciência. É necessária muito mais investigação e uma compreensão mais profunda tanto da mecânica quântica como da neurobiologia antes de se poderem estabelecer quaisquer ligações definitivas. Estas ideias, embora provocadoras, servem para lembrar o quanto permanece desconhecido na busca da compreensão da natureza fundamental da consciência no universo.

Implicações filosóficas e especulativas:

As implicações especulativas da mecânica quântica nos domínios da filosofia e da consciência são vastas e intrigantes. Conceitos como o panpsiquismo e o holismo baseiam-se fortemente nas propriedades aparentemente místicas dos comportamentos quânticos para propor ideias expansivas sobre a natureza da realidade e da consciência.

Panpsiquismo

O panpsiquismo é uma visão filosófica que postula que a consciência é uma propriedade fundamental e omnipresente de toda a matéria. Este ponto de vista baseia-se na ideia de que todas as partículas, objectos e sistemas do universo possuem alguma forma de consciência ou experiência subjectiva, embora possivelmente a um nível muito básico ou primitivo. O apelo do panpsiquismo no contexto da mecânica quântica surge frequentemente do desafio que os fenómenos quânticos colocam às visões clássicas e mecanicistas do universo.

- Influência Quântica: As peculiaridades da mecânica quântica, particularmente o papel do observador na determinação do estado de um sistema (como no Efeito do Observador) e a interconexão implícita no emaranhamento, fornecem um pano de fundo aparentemente favorável ao panpsiquismo. Se a consciência desempenha um papel nas operações fundamentais dos processos físicos (como algumas interpretações do problema da medição podem sugerir), pode não ser muito difícil imaginar que todos os sistemas possuem inerentemente algum aspeto de consciência.

. Atração filosófica: O panpsiquismo oferece uma solução potencial para o difícil problema da consciência - como as experiências subjectivas surgem de processos físicos. Ao postular que a consciência é uma caraterística básica de toda a matéria, este ponto de vista evita a dificuldade de explicar como é que a consciência emerge de material não consciente. Em vez disso, sugere que a consciência é uma qualidade intrínseca e não emergente do universo.

Holismo

O holismo na teoria quântica sugere que as propriedades de um sistema não podem ser totalmente compreendidas apenas pela análise das suas partes isoladamente. Esta perspetiva contrasta fortemente com o reducionismo, que defende que um sistema complexo pode ser compreendido através do estudo das suas partes constituintes e das suas interacções.

- Emaranhamento Quântico: Um exemplo importante que apoia o holismo na mecânica quântica é o fenómeno do emaranhamento, em que as partículas emaranhadas se comportam como um sistema único, independentemente da distância que as separa. Este comportamento interligado não pode ser totalmente explicado olhando para as propriedades individuais de cada partícula; em vez disso, todo o sistema deve ser considerado como um todo.
- Universo holístico: De um ponto de vista filosófico, se o emaranhamento e as interacções não-locais são características intrínsecas da mecânica quântica, podem implicar que o universo funciona como um todo coeso e não como um conjunto de partes discretas e em interação. Esta visão holística pode ser vista como algo que se estende para além da física, abrangendo teorias sobre a mente, sugerindo que a consciência individual pode estar ligada a uma consciência universal.

Implicações especulativas

Estes pontos de vista filosóficos, embora especulativos, alargam os limites da nossa compreensão da consciência e desafiam pontos de vista profundamente enraizados sobre a natureza da realidade. Promovem diálogos interdisciplinares ricos entre físicos, filósofos e neurocientistas, entre outros. No entanto, estas ideias também enfrentam críticas significativas:

- Falta de apoio empírico: Uma das principais críticas a teorias como o panpsiquismo ou a visão holística da consciência é a atual falta de provas empíricas. Estas teorias são difíceis de testar e verificar cientificamente.

. Clareza teórica e concetual: É também necessária uma maior clareza quanto ao modo como essas teorias podem ser formuladas de forma coerente e integradas no corpo de conhecimentos científicos existentes. Por exemplo, como podem as experiências subjectivas, que são inerentemente privadas, ser discutidas de forma significativa em termos de processos físicos que são publicamente observáveis?

A intersecção da mecânica quântica com pontos de vista filosóficos sobre a consciência, como o panpsiquismo e o holismo, realça as profundas implicações da física moderna na nossa compreensão do universo e do nosso lugar nele. Embora estas ideias ofereçam vislumbres tentadores de uma interconexão possivelmente mais profunda de todas as coisas, permanecem em grande parte no domínio da investigação filosófica e da teoria especulativa, aguardando uma maior exploração e potencial validação através do rigor filosófico e da investigação científica.

A relatividade na mitologia e nos textos religiosos

Interpretações mitológicas e religiosas dos fenómenos cósmicos

As interpretações mitológicas e religiosas dos fenómenos cósmicos representam algumas das primeiras formas de investigação humana sobre a natureza e a origem do universo. Estas interpretações serviam frequentemente para explicar o que os povos antigos observavam no céu e para além dele, imbuindo estas observações de significado espiritual e ligando-as ao divino ou ao sobrenatural.

Mitos da criação

Narrativas bíblicas (judaico-cristãs): A história da criação no Livro do Génesis, um dos mitos da criação mais conhecidos, descreve um arquiteto divino, Deus, que cria o universo em seis dias. A narrativa começa com Deus a criar a luz e a separá-la das trevas, estabelecendo o dia e a noite como o trabalho do primeiro dia. Nos dias seguintes, formam-se o céu, a terra seca, as plantas, os corpos celestes (o sol, a lua e as estrelas, que servem para marcar o tempo e as estações), os animais e, finalmente, os seres humanos. O mito sublinha os temas da omnipotência divina e da bondade intrínseca da criação de Deus.

Mitologia nórdica: Em forte contraste com a criação ordenada do Génesis, a mitologia nórdica apresenta um nascimento do universo mais caótico e violento. Aqui, diz-se que o cosmos teve origem no cadáver do gigante primordial Ymir. Os deuses Odin, Vili e Vé matam Ymir, e as partes do seu corpo são usadas para construir o mundo - a sua carne forma a terra, o seu sangue os oceanos, o seu crânio o céu e o seu cérebro as nuvens. Este mito reflecte temas de luta e conflito como essenciais à estrutura do universo, espelhando o ambiente nórdico duro e acidentado.

Cosmologia hindu: As histórias da criação hindu, particularmente de textos como o Rig Veda e os Puranas, apresentam um modelo cíclico do universo, que passa por ciclos periódicos de criação, preservação e destruição. Estas fases são supervisionadas pela Trimurti: Brahma, o criador, Vishnu, o preservador, e Shiva, o destruidor. Este padrão cíclico reflecte as crenças hindus na reencarnação e no karma, com o próprio universo a passar por ciclos intermináveis de renascimento.

Corpos celestes e divindades

A personificação de corpos celestes como divindades ou espíritos em várias culturas ilustra a forma como os seres humanos têm procurado historicamente compreender e relacionar-se com o cosmos num contexto espiritual e religioso. Estas divindades celestiais incorporam frequentemente traços que reflectem as suas aparências físicas e influências percebidas, e desempenham papéis integrais nas narrativas religiosas e culturais dos seus povos.

Religião do Antigo Egipto: No antigo Egipto, o deus Sol, Rá, era uma das divindades mais veneradas, considerado o rei dos deuses e do universo. A viagem diária de Rá pelo céu no seu barco solar era vista como uma viagem pelo submundo durante a noite e o seu renascimento ao amanhecer, simbolizando a renovação e a ressurreição. Esta representação enfatizava o papel vital do sol na vida e na vida após a morte, fazendo de Rá uma figura central na vida religiosa egípcia. Para além disso, Nut, a deusa do céu, era representada como uma mulher arqueada sobre a terra, com o seu corpo a formar os céus. Nut engolia o sol todas as noites e dava-o à luz todas as manhãs, reforçando os temas da regeneração e da natureza cíclica do tempo e da existência.

Mitologia grega: Os gregos ligavam os seus deuses a corpos celestes específicos, imbuindo estes planetas com as características dos seus homólogos divinos. Zeus, o rei dos deuses, foi associado a Júpiter, o maior planeta, simbolizando a sua autoridade e poder. Do mesmo modo, Afrodite, a deusa do amor e da beleza, foi associada a Vénus, o planeta mais brilhante, reflectindo a sua natureza sedutora e radiante. Este entrelaçamento dos atributos das divindades com os fenómenos celestes não só personalizava o céu, como também tornava os movimentos dos planetas parte dos dramas divinos que se desenrolavam no céu.

Culturas indígenas americanas: Para muitas tribos indígenas americanas, os corpos celestes não são apenas símbolos, mas entidades vivas com influência direta no mundo natural. O Sol e a Lua, por exemplo, são frequentemente considerados divindades ou espíritos poderosos. A Dança do Sol, uma cerimónia importante entre as tribos das planícies, como os Lakota, os Sioux e os Cheyenne, é uma expressão profunda desta ligação. Os participantes na Dança do Sol procuram estabelecer harmonia com o universo, assegurar o bem-estar da tribo e renovar a ligação entre os reinos humano e espiritual. A dança em si, que envolve dor e sacrifício, reflecte as dificuldades sentidas pelo Sol para sustentar a vida na Terra.

Análise comparativa: Estas representações culturais dos corpos celestes como seres divinos reflectem temas mais amplos de dependência e reverência pelos fenómenos naturais, demonstrando como o Sol, a Lua e as estrelas são fundamentais para a existência humana. Os egípcios viam estas relações através de um ciclo de renascimento diário, os gregos através de um panteão de deuses que influenciavam os assuntos humanos e muitas tribos nativas americanas através de uma simbiose espiritual com o mundo natural. Em todos os casos, os corpos celestes são elevados de objectos astronómicos a protagonistas das narrativas espirituais e existenciais da cultura.

Esta personificação de fenómenos celestes em diferentes culturas não só enriquece as respectivas mitologias, como também oferece uma visão da forma como estas sociedades entendem o seu lugar no universo. Refere-se a uma necessidade humana universal de se relacionar com o cosmos, não apenas como um espaço físico, mas como uma parte profundamente integrada da vida espiritual e cultural humana.

Eclipses, cometas e meteoros

Durante milénios, os fenómenos celestes fascinaram e, por vezes, alarmaram os seres humanos, sendo frequentemente interpretados através da lente de crenças culturais e práticas religiosas. Sendo acontecimentos celestes visíveis a olho nu e ocorrendo fora das normas quotidianas, têm sido imbuídos de um significado importante em diferentes civilizações.

Europa Medieval: Na Europa medieval, o aparecimento de cometas e eclipses era frequentemente registado e interpretado como um presságio ou sinal divino. Por exemplo, a aparição do cometa Halley em 1066 foi registada na Tapeçaria de Bayeux e pensou-se que previa a conquista da Inglaterra pelos normandos. Da mesma forma, os eclipses eram vistos como presságios de desgraça ou como comentários divinos sobre assuntos humanos - muitas vezes assinalando a morte de um rei, o início de uma praga ou o começo de uma guerra. Estes acontecimentos eram tipicamente vistos através de uma estrutura teológica cristã que enfatizava a vontade e a influência de Deus nos assuntos terrenos.

Culturas mesoamericanas: Os Maias e os Aztecas tinham sistemas astronómicos sofisticados e integravam profundamente os fenómenos celestes nas suas vidas religiosas e culturais. Os eclipses, por exemplo, eram vistos como ataques de criaturas míticas ao sol ou à lua. Os astecas acreditavam que, durante um eclipse solar, o sol estava a ser mordido pela terra. Em resposta, empenhavam-se em actividades rituais intensas, incluindo sacrifícios, para apaziguar os deuses e assegurar a libertação destes corpos celestes vitais. Esta prática resultava da crença de que os acontecimentos celestes estavam diretamente ligados à vontade dos deuses e que as acções humanas podiam influenciar os resultados divinos.

Astronomia islâmica: O tratamento islâmico dos eclipses contrasta com a visão de muitas outras tradições. Em vez de os ver como presságios ou presságios de acontecimentos futuros, os eclipses são vistos no Islão como sinais da majestade e do poder de Alá. Esta perspetiva é apoiada por tradições proféticas (hadiths) em que se diz que Maomé afirmou que os eclipses são sinais de Deus e não são causados pela morte ou vida de qualquer pessoa. Os muçulmanos são encorajados a reagir aos eclipses com humildade, reflexão e oração, realizando especificamente a Salat al-Kusuf (a oração dos eclipses) durante os eclipses solares e lunares. Esta abordagem enfatiza um lembrete espiritual em vez de um preditor de eventos, encorajando a piedade pessoal e a oração comunitária.

Impacto cultural dos fenómenos celestes: Estas interpretações e rituais em torno de acontecimentos celestes realçam a profundidade com que as sociedades humanas são afectadas e procuram encontrar significado no cosmos. As diferentes respostas - que vão desde o medo e o sacrifício até à oração e à reflexão - demonstram a variedade de formas como as culturas interpretam os mesmos fenómenos físicos, dependendo das suas crenças religiosas, compreensão científica e práticas sociais.

A compreensão destas diferentes perspectivas enriquece a nossa apreciação da forma como a humanidade tem estado historicamente ligada ao cosmos, utilizando os acontecimentos celestes como uma forma de comunicar ou compreender melhor o divino, o mundo natural e o seu próprio lugar no mesmo. Quer sejam presságios, mensagens dos deuses ou sinais de poder divino, os eclipses, cometas e meteoros continuam a inspirar um sentimento de admiração e um desejo de compreender o universo em geral.

A Via Láctea e outras galáxias

A luz do sol tem cativado a imaginação humana em diferentes culturas e épocas, fornecendo material para mitos, lendas e especulações cosmológicas. O seu arco luminoso que se estende pelo céu noturno tem sido interpretado de várias formas imaginativas e espirituais, integrando-o frequentemente nas crenças fundamentais sobre o universo, a vida e a vida após a morte.

Mitologia grega e romana: Na mitologia da Grécia e Roma antigas, a Via Láctea tinha uma história de origem particularmente encantadora. Acreditava-se que tinha sido criada a partir do leite de Hera, rainha dos deuses. De acordo com uma versão do mito, Zeus, o rei dos deuses, colocou o seu filho mortal Hércules ao peito de Hera enquanto esta dormia, para que a criança bebesse o leite divino e se tornasse imortal. Hera acordou e empurrou Hércules para longe, e as gotas do seu leite derramado formaram a Via Láctea. Esta interpretação mitológica reflecte os esforços dos antigos para explicar as origens dos fenómenos celestes, integrando-os no seu panteão divino, simbolizando uma ligação direta entre os céus e o divino.

Mitologias aborígenes australianas: As mitologias ricas e diversas das culturas aborígenes australianas oferecem várias interpretações da Via Láctea, reflectindo o seu significado na sua cosmologia. Muitas vezes vista como um rio no céu, a Via Láctea é considerada um ponto de encontro de espíritos ou um caminho que os antepassados seguiram. Nalgumas histórias, é o reflexo celestial de rios terrestres ou uma rota seguida por espíritos criadores durante o Tempo de Sonho - uma época fundamental e mítica em que os espíritos ancestrais moldaram o mundo. Estas interpretações sublinham o papel da Via Láctea na ligação entre a comunidade viva e a sua herança ancestral e o reino espiritual, orientando as normas culturais e éticas.

Significado cultural e interpretação: Os mitos que rodeiam a Via Láctea, tanto na mitologia grega e romana como nas culturas aborígenes australianas, ilustram o papel da galáxia como uma ponte entre o terrestre e o celestial, o humano e o divino. Em ambos os contextos, a Via Láctea é mais do que um simples aglomerado de estrelas; é uma parte vital da vida espiritual, imbuída de influência divina ou de presença ancestral.

Estas histórias e crenças sobre a Via Láctea servem múltiplos objectivos culturais:

- Explicativas: Fornecem explicações sobre as origens e a estrutura do universo, utilizando a galáxia como elemento central da mitologia celeste.
- Educativos: Os mitos são utilizados para transmitir valores culturais e conhecimentos tradicionais, ensinando às gerações mais novas as crenças e práticas da sua comunidade.
- Espirituais: Reflectem e reforçam as crenças espirituais da cultura, quer se trate da ligação às acções divinas dos deuses ou aos movimentos dos espíritos ancestrais.

Em conclusão, a variedade de interpretações mitológicas e religiosas que rodeiam os fenómenos cósmicos encerra mais do que apenas tentativas antigas de explicação científica; elas incorporam o esforço humano profundamente enraizado de imbuir o cosmos de significado, moralidade e misticismo. Estas narrativas culturais servem de testemunho da forma como os seres humanos, em diferentes épocas e lugares, procuraram compreender e relacionar-se com o universo que os rodeia, misturando a espiritualidade com a realidade observável de uma forma que a ciência moderna normalmente não faz.

A persistência destes mitos no mundo moderno, apesar dos avanços da ciência, sublinha o seu apelo duradouro e a contínua procura humana de significado para além do empírico. Oferecem uma janela para a forma como os nossos antepassados compreendiam o mundo natural e o seu lugar nele, utilizando as estrelas, os planetas e outros fenómenos celestes como personagens e cenários de histórias que abordavam questões fundamentais sobre a vida, a existência e o divino.

Além disso, estas histórias e crenças fornecem um material rico para a identidade cultural, servindo de âncora para os valores comunitários e a continuidade histórica. Recordam-nos que, embora a compreensão científica possa explicar o funcionamento do universo, as narrativas mitológicas acrescentam uma camada de significado que ressoa com as emoções humanas e as inclinações espirituais. Desta forma, tanto a ciência como a mitologia são cruciais para uma compreensão holística do nosso mundo; a ciência decifra a mecânica do cosmos, enquanto a mitologia interpreta as suas maravilhas e mistérios de uma forma que fala à criatividade e espiritualidade humanas.

A compreensão destas diversas interpretações pode enriquecer o nosso património cultural global e promover uma apreciação mais profunda tanto da diversidade como da semelhança das experiências humanas com o cosmos. Ensinam-nos sobre a nossa história e sobre nós próprios, dando-nos a conhecer a busca humana universal de encontrar ligação, significado e admiração no vasto céu estrelado.

- **Histórias de viagens no tempo e exploração espacial**

Título: <u>O Crononauta Acidental</u>

Definição:

No ano 2025, nos laboratórios da Universidade de San Bridge, onde a tecnologia não só abre caminho para o futuro, mas também, acidentalmente, abre portas para o passado.

Resumo do enredo:

Alex Reed, um diligente e curioso estudante de pós-graduação em física teórica, encontra-se no centro de uma anomalia científica sem precedentes. Enquanto efectua calibrações de rotina num acelerador de partículas recentemente concebido para explorar a mecânica quântica a um nível mais granular, Alex inicia acidentalmente uma reação quântica imprevista. Os instrumentos do laboratório ficam descontrolados, apresentando leituras impossíveis que, após uma investigação mais aprofundada, revelam a criação de um pequeno, mas estável, loop temporal localizado dentro do próprio laboratório.

Movido por uma mistura de admiração e curiosidade científica, Alex entra no circuito, apenas para ser empurrado 24 horas para trás no tempo. No início, a experiência é estimulante - Alex vê-a como uma oportunidade para aperfeiçoar o dia: evitar os pequenos percalços que estragaram a sua experiência inicial, como entornar café num caderno de laboratório essencial ou chegar atrasado a um seminário importante.

À medida que Alex se torna mais hábil a navegar no circuito, aumenta a tentação de efetuar mudanças mais significativas. A primeira grande intervenção que efectuam é evitar um acidente de bicicleta a que assistiram impotentes no dia anterior. O sucesso desta intervenção encoraja Alex, levando-os a evitar uma gafe embaraçosa envolvendo um professor visitante e um comentário mal entendido que se tinha tornado incontrolável.

No entanto, Alex depressa se apercebe que cada alteração à linha do tempo tem consequências significativas. A bicicleta que nunca se despistou provoca ferimentos num peão noutro local; o professor que nunca se sentiu insultado ofende agora inadvertidamente outro membro da faculdade, aumentando as tensões no departamento. Em cada ciclo, Alex tenta resolver estes novos problemas, mas acaba por criar mais complicações. O próprio laboratório, situado no centro destas ondulações temporais, começa a sofrer: o equipamento avaria cada vez mais, os dados são corrompidos e as relações pessoais ficam tensas sob o peso de conversas meio recordadas e realidades mutáveis.

Temas:

1. Efeitos das acções: À medida que Alex manipula o ciclo, aprendem da forma mais difícil que cada ação, por mais pequena que seja, influencia inúmeras variáveis invisíveis. Este tema realça a complexa interligação dos acontecimentos e a natureza imprevisível da interferência no tempo.
2. Implicações morais da manipulação do tempo: A narrativa mergulha profundamente nos dilemas éticos colocados pela capacidade de alterar eventos passados. Alex enfrenta dilemas morais que desafiam a sua compreensão do certo e do errado, debatendo-se com questões sobre o consentimento, o curso natural da vida e o seu próprio papel como guardião inadvertido da continuidade temporal.
3. O fascínio de tentar aperfeiçoar a realidade: A história explora o desejo humano de controlo e perfeição, retratando o entusiasmo inicial de Alex e a sua subsequente obsessão em corrigir as imperfeições diárias. Esta procura de um dia perfeito serve de espelho à busca humana de um ideal inatingível, reflectindo as nossas próprias tendências do mundo real para rever e melhorar a todo o custo.
4. Aceitação da imprevisibilidade da vida: Em última análise, Alex é forçado a aceitar que a vida é inerentemente imprevisível e que as tentativas de a controlar demasiado podem conduzir ao caos. A conclusão serve como um lembrete pungente da beleza encontrada nas imperfeições da vida e da importância de viver no presente.

Conclusão:

O arco narrativo completa o círculo quando Alex, sobrecarregado pelos resultados caóticos das suas intervenções, decide deixar de usar o loop temporal. Fazem uma última viagem através do circuito para repor o mais possível a linha do tempo original, aceitando que alguns acontecimentos estão destinados a desenrolar-se à sua maneira. A história termina com Alex a sair do loop pela última vez, deixando para trás o equipamento agora demasiado perigoso para ser utilizado, contemplando as profundas lições aprendidas sobre o tempo, a vida e a condição humana.

2. Os ecos do amanhã

Definição:

No ano de 2450, o mundo é uma sociedade tecnologicamente avançada onde as viagens no tempo se tornaram uma realidade. Regidas por regulamentos rigorosos, as viagens no tempo são supervisionadas pelo Time Travel Regulation Bureau (TTRB), um organismo com autoridade concebido para garantir que as excursões temporais são utilizadas apenas para fins de investigação sancionada e para o melhoramento da humanidade.

Resumo do enredo:

Mara Sinclair é uma agente de fiscalização experiente do TTRB, encarregada de manter a integridade das viagens no tempo e impedir o seu uso indevido. A sua vida é uma rotina disciplinada de monitorização de expedições temporais e de garantia do cumprimento das leis rigorosas que regem as viagens no tempo. No entanto, o mundo de Mara é transtornado quando ela se depara com provas de que um grupo secreto usa a viagem no tempo para alterar subtilmente eventos históricos importantes, com o objetivo de remodelar a estrutura de poder global em seu benefício.

Perturbada por estas revelações e pelas implicações de tais jogos de poder, Mara vê-se numa encruzilhada moral. A sua dedicação à lei entra em conflito com a sua crescente perceção de que as leis que aplica podem estar a facilitar uma conspiração perigosa. À medida que se aprofunda na investigação, descobre que a manipulação do tempo deixou para trás "ecos temporais", um fenómeno pouco compreendido pela ciência contemporânea.

Mara associa-se a Jonah Avery, um físico teórico que tem sido marginalizado pelas suas teorias radicais sobre ecos temporais. Jonah propõe que esses ecos podem ser rastreados e potencialmente revertidos sem desencadear os paradoxos catastróficos tipicamente associados à intervenção temporal direta. Isto oferece um vislumbre de esperança - não apenas para expor a conspiração, mas para desfazer as manipulações que já foram efectuadas.

À medida que Mara e Jonah trabalham em conjunto, descobrem a escala total da conspiração, que chega aos escalões superiores do TTRB e mais além. Mara é forçada a fazer escolhas difíceis, equilibrando o seu sentido de dever com a necessidade de evitar uma crise global. A sua viagem está repleta de perigos, não só dos conspiradores dispostos a apagá-la da história para proteger os seus planos, mas também do potencial desvendamento do próprio tempo.

Temas:

1. Ética do Poder: A história explora as profundas implicações éticas do exercício do poder sobre o tempo - o recurso supremo. Questiona a moralidade do controlo da história e as consequências desse controlo, perguntando quem tem o direito de moldar o passado e o futuro.
2. Luta contra a corrupção: A luta de Mara contra um sistema

corrupto que transformou a viagem no tempo numa arma destaca a luta intemporal entre a moralidade individual e o poder institucional. A narrativa mergulha no isolamento e no risco inerentes à luta contra a corrupção sistémica, especialmente quando o sistema é tão poderoso como o TTRB.

3. O custo pessoal de cumprir a lei: O conflito interno de Mara enfatiza o custo pessoal de manter a integridade num sistema imperfeito. O seu percurso ilustra os sacrifícios feitos por aqueles que optam por se opor a actos ilícitos, incluindo a potencial alienação, o perigo e o questionamento das suas próprias crenças e valores.
4. Complexidade de tomar a decisão certa sob pressão: O enredo sublinha as dificuldades de tomar decisões quando os riscos são inimaginavelmente elevados. Mara tem de navegar por dilemas morais e temporais complexos, em que cada decisão pode ter consequências de longo alcance para si e para o mundo.

Conclusão:

No clímax da história, Mara e Jonah implementam um plano ousado para usar os ecos do tempo para reverter as mudanças históricas sem confrontar diretamente a linha temporal existente. O seu sucesso é agridoce, pois embora consigam restaurar o curso original da história e desmantelar a conspiração, os custos pessoais são imensos. As crenças e lealdades de Mara são irrevogavelmente alteradas e ela tem de reconciliar as suas acções com o seu papel numa sociedade que permanece em grande parte inconsciente de quão perto esteve de uma existência reescrita. A narrativa deixa os leitores a refletir sobre as imensas responsabilidades assumidas por aqueles que gerem o fluxo do tempo e as batalhas invisíveis travadas para manter a integridade da história.

3. Memórias de uma terra intemporal

Definição:

Num reino etéreo e indefinido, onde o tempo deixa de seguir a sua progressão linear, todos os momentos existem simultaneamente e perpetuamente. Este é um lugar não limitado pelas leis físicas do mundo que conhecemos, onde o passado, o presente e o futuro se fundem numa extensão infinita de experiências e memórias, acessíveis a todos os que lá se encontram.

Resumo do enredo:

Evelyn, uma mulher idosa que viveu uma vida plena mas imperfeita, morre e acorda neste reino misterioso e intemporal. Inicialmente desorientada, ela logo percebe que está num lugar onde cada momento de sua vida está disponível para ela, como as páginas de um livro que podem ser viradas para frente e para trás à vontade. Ela descobre que pode revisitar qualquer episódio do seu passado, testemunhar os caminhos não percorridos e até interagir com versões alternativas de si mesma que fizeram escolhas de vida diferentes.

À medida que Evelyn explora esta terra fascinante, encontra outros que também estão a viver as suas vidas em revelações não lineares. Entre eles estão pessoas que ela conheceu em tempos e estranhos que partilham com ela as lições que aprenderam com as suas próprias revisitações. Cada interação é uma peça de um puzzle maior que ajuda Evelyn a compreender a intrincada tapeçaria da ligação humana e os efeitos em cascata de cada escolha feita.

A viagem de Evelyn através da sua própria vida ajuda-a a confrontar-se e a reconciliar-se com os seus mais profundos arrependimentos. Ela revisita momentos de alegria e tristeza, amor e perda, coragem e medo. Ao interagir com o que poderia ter sido, começa a compreender o profundo impacto das suas escolhas nos outros e os caminhos que essas escolhas criaram. Esta exploração não é apenas uma viagem ao passado, mas um envolvimento profundo e transformador com as alternativas da sua própria vida, conduzindo a uma resolução emocional e espiritual profunda.

Temas:

1. Reflexão sobre as escolhas da vida: O reino permite a Evelyn e aos outros reflectirem profundamente sobre as suas escolhas e verem os resultados alternativos de diferentes decisões. Este tema é central, pois destaca o significado das nossas decisões e os caminhos que elas traçam, não apenas para nós, mas para os outros cujas vidas tocamos.
2. Reconciliação com o passado: A capacidade de Evelyn para confrontar e interagir com os seus eus passados facilita um processo catártico de reconciliação. Ela aprende a perdoar-se a si própria pelas suas falhas e a apreciar a beleza complexa do percurso da sua própria vida.
3. Interligação das experiências humanas: Através de encontros com outras almas que navegam pelos seus passados, a história enfatiza a natureza partilhada das experiências humanas. Evelyn apercebe-se de que a sua história faz parte de uma narrativa maior, partilhada e moldada por muitos outros, reforçando o tema da ligação universal.
4. Aceitação da finalidade última da vida: À medida que Evelyn vai aceitando os acontecimentos da sua vida e a sua finalidade, ela aceita profundamente a sua própria morte e o fim da sua existência terrena. Esta aceitação traz paz e uma nova compreensão da natureza cíclica da vida e da morte.

Conclusão:

Na conclusão da sua viagem, Evelyn chega a um lugar de profunda paz e compreensão. Ela revisitou os momentos cruciais da sua vida, viu o impacto das suas escolhas e aprendeu com as experiências dos outros. Com estes conhecimentos, ela está pronta para abandonar os seus laços terrenos e abraçar a próxima fase da existência, seja ela qual for. A narrativa termina com Evelyn a avançar para um novo desconhecido, levando consigo a sabedoria recolhida de uma vida vivida em infinitas variações, cada uma delas ensinando-lhe algo vital sobre si própria e sobre a natureza da própria vida.

Histórias Exploração espacial

1. O Último Guardião da Luz

Definição:

O ano é 2130, e a humanidade expandiu o seu alcance no sistema solar. A estação de Nora, um farol muito parecido com um farol, orbita Neptuno, servindo como um ponto crítico de navegação. Este posto avançado marca o limite do espaço habitado pelos humanos, guiando as naves através das perigosas cinturas de asteróides que se entrelaçam entre os planetas exteriores e a distante Cintura de Kuiper.

Resumo do enredo:

Nora passou anos como a única humana a cuidar da estação orbital de Neptuno, mantendo o farol que guia inúmeras naves espaciais através dos perigosos campos de asteróides da região. A sua vida no posto avançado é solitária mas cheia de objectivos, rodeada pela vasta e silenciosa extensão do espaço. No entanto, a existência solitária de Nora é perturbada quando recebe uma notificação do Comando Terrestre de que está a ser substituída por um sistema automatizado e que será chamada de volta à Terra dentro de um ano.

Enquanto Nora se debate com o fim iminente do seu mandato e o seu regresso a uma sociedade da qual há muito se desligou, detecta uma anomalia nos confins do sistema solar. Os dados iniciais sugerem que se trata de um objeto que se desloca da Cintura de Kuiper, mas observações posteriores revelam que não se trata de um corpo celeste vulgar - é uma nave alienígena que se dirige para Neptuno.

Apercebendo-se da importância da sua descoberta, Nora assume a responsabilidade de gerir este primeiro contacto. O seu profundo conhecimento do terreno espacial da região torna-se inestimável enquanto ela tenta comunicar com a nave alienígena que se aproxima usando a tecnologia envelhecida da sua estação. A tarefa é assustadora; o seu equipamento não foi concebido para comunicação inter-espécies e ela tem de improvisar bastante.

Ao longo deste encontro extraordinário, Nora confronta-se com os seus próprios sentimentos de solidão e obsolescência face aos substitutos automatizados. Ela debate-se com as implicações existenciais do encontro com uma inteligência não-humana e discute o valor da intuição e do engenho humanos quando comparados com as capacidades das máquinas.

Temas:

1. Solidão e isolamento: O profundo isolamento de Nora nos confins do sistema solar reflecte o seu sentimento interno de separação do resto da humanidade. Este tema é explorado através das suas interacções diárias com a estação e das suas reflexões sobre o que significa ser humano num mundo cada vez mais automatizado.
2. Ingenuidade humana vs. automatização: À medida que Nora se prepara para ser substituída pela tecnologia, a história mergulha na tensão entre a intuição humana e a eficiência automatizada. O seu papel como guarda-luz - um trabalho baseado no cuidado e na supervisão humana

- contrasta com a natureza impessoal da tecnologia que a vai substituir.

3. Maravilha existencial e primeiro contacto: A chegada da nave alienígena traz temas de maravilha existencial e as implicações mais amplas do encontro com a vida extraterrestre. Este acontecimento desafia Nora a aplicar as suas capacidades e conhecimentos únicos de formas que nunca imaginou, sublinhando o valor imprevisível da presença humana no espaço.

Conclusão:

O clímax da história ocorre quando Nora consegue estabelecer uma comunicação rudimentar com os visitantes extraterrestres. Através de uma mistura de conhecimento científico e resolução criativa de problemas, ela não só consegue interagir com os extraterrestres como também facilita uma troca pacífica. Nestes momentos finais, Nora não só prova o valor insubstituível do engenho humano, como também se reconecta com o núcleo da sua própria humanidade - a sua capacidade de sentir, empatizar e conectar.

No final da história, Nora observa a partida da nave alienígena, deixando para trás uma visão diferente do lugar da humanidade no universo. Embora o seu tempo como última guardiã da luz termine, o legado do seu encontro sugere um futuro em que as interacções entre humanos e alienígenas podem florescer com base na curiosidade e no respeito mútuos, sugerindo o seu envolvimento contínuo neste novo capítulo da história humana.

2. O Jardim Vermelho

Definição:

O ano é 2075 e a Mars Colony One é a primeira incursão da humanidade no estabelecimento de uma colónia permanente em Marte. A colónia, uma mistura de módulos e cúpulas de alta tecnologia, está situada numa paisagem marciana acidentada que oferece vistas de cortar a respiração e desafios implacáveis.

Resumo do enredo:

Mina, uma botânica experiente, é um dos membros mais importantes da Colónia Um de Marte. A sua principal responsabilidade é cultivar um ecossistema sustentável que possa sustentar os colonos num ambiente em que cada gota de água, cada sopro de ar e cada caloria de comida têm de ser cuidadosamente concebidos para imitar as condições de suporte de vida da Terra. O jardim de Mina, um oásis experimental de verde num mar de poeira vermelha, representa o coração da estratégia de sobrevivência a longo prazo da colónia.

No entanto, a vida em Marte está repleta de dificuldades. As condições adversas no exterior das cúpulas protectoras da colónia são uma ameaça constante e, no interior, as tensões humanas fervilham sobre a forma como os recursos limitados são atribuídos. O jardim de Mina, que inicialmente representa esperança e potencial, torna-se cada vez mais um ponto focal do espetro emocional da colónia - oscilando entre a esperança e o desespero, à medida que as colheitas flutuam entre a prosperidade e o fracasso.

Enquanto Mina lida com desafios pessoais e com o peso das suas responsabilidades, ocorre uma falha catastrófica nos sistemas de suporte de vida da colónia. Os níveis de oxigénio começam a cair a pique e a colónia enfrenta a sua crise mais grave até à data. A sobrevivência de todos os colonos depende subitamente da capacidade de pensar criativamente e de agir com decisão.

No meio deste caos, o jardim de Mina transforma-se de um empreendimento experimental numa salvação crítica. Utilizando os seus profundos conhecimentos de botânica e as propriedades únicas do solo marciano, Mina lidera uma iniciativa de emergência para modificar o ecossistema do jardim e produzir mais oxigénio. A comunidade, inicialmente dividida, tem de se unir para implementar o plano de Mina, integrando conhecimentos tradicionais com inovações radicais.

Temas:

1. Sobrevivência: A luta constante para manter a vida num ambiente implacável leva os colonos aos seus limites e obriga-os a confrontarem-se com a própria essência do que significa sobreviver.
2. Ligação humana: À medida que a colónia enfrenta desafios que ameaçam a sua vida, as relações entre os colonos aprofundam-se. A história explora a forma como a adversidade pode fomentar uma ligação inquebrável entre indivíduos que, de outra forma, poderiam ter pouco em comum.
3. Gestão ambiental: O papel de Mina como administradora do ambiente marciano realça o tema mais vasto da responsabilidade ecológica e o delicado equilíbrio necessário para sustentar a vida num sistema fechado, estabelecendo paralelismos com os desafios ambientais da Terra.
4. Espírito de exploração: Apesar das dificuldades quase avassaladoras, a determinação dos colonos em prosperar em Marte personifica a busca incessante do espírito humano para explorar e estabelecer novas fronteiras.

Conclusão:

A crise atinge o seu clímax quando o jardim modificado de Mina começa a estabilizar os níveis de oxigénio, dando tempo à colónia para reparar os sistemas de suporte de vida. Este sucesso marca um ponto de viragem não só para a sobrevivência da colónia, mas também na mentalidade comunitária. O jardim de Mina, outrora um símbolo de esforço individual e curiosidade científica, torna-se um farol de resiliência e adaptabilidade colectivas.

No final da história, os colonos celebram a primeira colheita bem sucedida do jardim renovado, um símbolo pungente da sua capacidade de se adaptarem e prosperarem perante a adversidade. Mina reflecte sobre a interligação de toda a vida - em Marte e na Terra - e o papel que cada pessoa desempenha na sua manutenção. O seu jardim, uma experiência outrora frágil, transformou-se na pedra angular da esperança e da vida em Marte, emblemática do potencial mais vasto da vida humana para além da Terra.

3. Pacto vinculado à estrela

Definição:

Estamos no ano de 2245 e a nave espacial Covenant está a atravessar a vasta extensão do espaço em direção a Proxima Centauri b, uma viagem que abrange várias gerações. A nave é um microcosmo autossustentável da Terra, concebido para preservar e propagar a espécie e a cultura humanas em antecipação da fundação de uma nova civilização num exoplaneta distante.

Resumo do enredo:

Leo, um historiador que nasceu e viveu toda a sua vida a bordo do Covenant, é encarregado de preservar os registos históricos do navio. A sua vida sofre uma reviravolta dramática quando descobre um esconderijo de registos escritos por alguns dos primeiros passageiros da nave. Estas anotações revelam uma conspiração profundamente enterrada, elaborada pelos arquitectos originais da missão: um plano para manipular o tecido cultural e genético dos futuros colonos humanos.

Intrigado e perturbado por estas revelações, Leo começa a questionar os fundamentos éticos de toda a missão. A sua investigação revela visões contraditórias para o futuro da humanidade, tal como foram definidas pelos fundadores da nave. Quanto mais Leo investiga, mais se apercebe de que a missão original foi influenciada por um grupo de geneticistas e sociólogos que pretendiam criar uma versão idealizada da humanidade, potencialmente à custa da liberdade e diversidade individuais.

À medida que Leo se aprofunda no passado da nave, também tem de enfrentar o presente. O Pacto, um mundo em si mesmo, está repleto de facções emergentes. Alguns grupos, desiludidos com a viagem interminável, sonham em regressar à Terra, que conhecem apenas através de histórias e simulações. Outros, radicais e visionários, defendem a alteração da missão para explorar novos destinos para além dos limites de Proxima Centauri b.

As descobertas de Leo colocam-no no centro de um debate social que questiona a própria natureza da governação e da ordem social na nave. Com o doutrinamento e a orientação genética da próxima geração prestes a começar à chegada ao exoplaneta, as descobertas de Leo ameaçam pôr em causa as políticas planeadas, forçando um ajuste de contas entre a liderança da nave e os seus habitantes.

Temas:

1. Ética das missões espaciais de longa duração: A narrativa investiga as implicações morais das decisões tomadas no início de uma missão de séculos, particularmente aquelas que afectarão indivíduos nascidos numa vida que não escolheram.
2. Governação em comunidades isoladas: Sendo o único mundo que conhecem, a governação interna do Pacto, moldada pela necessidade e pelo isolamento, reflecte temas mais amplos de autoridade, consentimento e rebelião numa sociedade fechada.

3. Destino e livre arbítrio: Através da viagem de Leo, a história explora a tensão entre os caminhos pré-estabelecidos pelas gerações anteriores e o direito das gerações actuais e futuras de forjarem os seus próprios destinos.

Conclusão:

O clímax chega quando Leo apresenta as suas descobertas ao conselho da nave e à comunidade em geral, provocando um referendo em toda a nave sobre o seu futuro coletivo. A resolução vê os habitantes do Covenant escolherem abraçar um novo caminho que honra tanto a sua missão herdada como a sua nova compreensão da autonomia e da diversidade.

No final da história, Leo reflecte sobre o seu papel como historiador, agora armado com a compreensão de que a história não é apenas uma questão de preservar o passado, mas de moldar o futuro. Com a nave a aproximar-se de Proxima Centauri b, a comunidade do Pacto entra numa nova era, uma era que escolheram conscientemente, informada pelas revelações da sua viagem partilhada e pelas esperanças do seu futuro comum.

- **Lições espirituais dos efeitos relativistas**

A teoria da relatividade, proposta por Albert Einstein no início do século XX, revolucionou a forma como entendemos o tempo e o espaço. Curiosamente, alguns dos princípios da relatividade podem servir como metáforas para lições espirituais, oferecendo uma visão profunda da forma como percebemos e interagimos com o mundo e uns com os outros. Eis como alguns efeitos relativistas podem ser interpretados para enriquecer a compreensão espiritual:

1. Relatividade do Tempo e do Espaço (Dilatação do Tempo e Contração do Comprimento): Na teoria de Einstein, os conceitos de tempo e espaço não são absolutos, mas variam em relação à velocidade do observador. Isto pode

ser análogo à ideia espiritual de que a nossa perceção da viagem da vida e as nossas experiências são profundamente pessoais e podem diferir significativamente de uma pessoa para outra. Ensina a tolerância e a compreensão de que cada pessoa vive num "universo" que é moldado pelas suas percepções, experiências e contexto.

2. Simultaneidade e a Perspetiva do Observador: A relatividade ensina-nos que os acontecimentos que parecem simultâneos para um observador podem não o parecer para outro, dependendo do seu movimento relativo. Isto realça a lição espiritual da experiência subjectiva e a importância de considerar múltiplas perspectivas. Em contextos morais e éticos, isto encoraja-nos a apreciar que o que parece correto ou verdadeiro de um ângulo pode parecer muito diferente de outro, promovendo uma visão do mundo mais empática e inclusiva.
3. O Princípio da Invariância (Velocidade da Luz): Enquanto muitas coisas mudam dependendo do estado de movimento do observador, a velocidade da luz no vácuo permanece constante para todos os observadores, independentemente do seu movimento. Espiritualmente, isto pode ser visto como semelhante à ideia de uma verdade imutável ou de um princípio divino que permanece constante e inalterado pela perspetiva ou condição humana. Sugere a existência de verdades absolutas ou princípios morais que transcendem a subjetividade humana.
4. Dilatação Gravitacional do Tempo: Este efeito da Relatividade Geral mostra que o tempo corre mais devagar perto de um objeto maciço. Isto pode representar metaforicamente a ideia de que estar perto de algo

poderoso ou significativo (como uma experiência espiritual ou uma presença divina) pode alterar a perceção do tempo ou o impacto dessa experiência na vida de uma pessoa, fazendo com que os momentos pareçam mais profundos ou prolongados.

5. Equivalência de massa e energia ($E=mc^2$): Esta famosa equação mostra que a massa e a energia são permutáveis; assim, mesmo uma pequena quantidade de massa é equivalente a uma grande quantidade de energia. Espiritualmente, isto pode sugerir que pequenas acções ou intenções podem ter impactos desproporcionalmente grandes no mundo. É um apelo à atenção e à responsabilidade, uma vez que mesmo os nossos actos mais pequenos podem ter consequências significativas.
6. Conexão do Universo: A relatividade também nos ensina sobre a intrincada conexão do universo, onde corpos maciços influenciam o próprio tecido do espaço-tempo. Isto reflecte as crenças espirituais na interligação de todas as coisas, em que cada ação, pensamento e intenção pode propagar-se pelo cosmos, afectando os outros de formas visíveis e invisíveis.

Estas interpretações, embora metafóricas e não pretendendo ser correlações científicas directas, mostram como os conceitos científicos podem inspirar e aprofundar a nossa compreensão espiritual. A relatividade convida-nos a pensar para além das nossas percepções imediatas e a considerar uma visão mais holística da realidade, recordando-nos a profunda interligação e as diversas perspectivas da experiência humana.

Implicações e aplicações modernas

Como a Relatividade Influencia as Práticas Espirituais Contemporâneas

A teoria da relatividade, formulada por Albert Einstein no início do século XX, revolucionou a nossa compreensão da física ao descrever a natureza do espaço e do tempo como contínuos entrelaçados, alterando fundamentalmente a forma como percebemos o universo e o nosso lugar dentro dele. Embora as suas influências primárias sejam inegavelmente científicas, as implicações filosóficas e espirituais da relatividade têm permeado vários aspectos do pensamento e da cultura humana, influenciando profundamente as práticas espirituais contemporâneas. Esta exploração tem como objetivo delinear as formas complexas em que a teoria de Einstein se cruzou com a espiritualidade moderna e teve o seu impacto, oferecendo novas perspectivas e interpretações da sabedoria e práticas antigas.

O conceito de relatividade sugere que as nossas observações dos fenómenos físicos são relativas ao estado de movimento do observador. Este princípio, embora enraizado no domínio da física, é paralelo a muitos ensinamentos espirituais que afirmam que a experiência e a perceção humanas são profundamente subjectivas e influenciadas pela perspetiva pessoal. Este ponto de vista desafia o absolutismo da experiência empírica, promovendo uma investigação filosófica sobre a natureza da realidade, da verdade e da existência - componentes centrais de muitas tradições espirituais. Este paralelismo não implica uma influência direta da relatividade nestas tradições, mas sugere uma metáfora científica moderna para antigas percepções espirituais, enriquecendo assim o diálogo entre ciência e espiritualidade.

No discurso espiritual contemporâneo, esta ressonância metafórica tem encontrado expressão de várias formas. Por exemplo, a interconexão implícita no tecido relativista do espaço-tempo ecoa as filosofias não-dualistas encontradas no hinduísmo, no budismo e nas tradições místicas das religiões abraâmicas, que entendem toda a existência como um todo unificado. A curvatura relativista do espaço e do tempo em torno de objectos maciços pode refletir metaforicamente a ideia espiritual de que poderes superiores ou o divino podem influenciar o fluxo dos acontecimentos da vida e da consciência humana.

Além disso, a relatividade influenciou as práticas espirituais ao reforçar a narrativa de que a ciência e a espiritualidade, outrora consideradas domínios díspares, são caminhos convergentes na busca da verdade. Esta convergência é particularmente evidente no domínio da mecânica quântica, frequentemente considerada a par da relatividade em questões de cosmologia e física fundamental, e na forma como ambos os domínios abordam questões de ligação, causalidade e natureza da realidade. As práticas que se centram na meditação, na atenção plena e na consciência exploram estes temas, realçando o papel do observador na formação da realidade, uma noção que encontra um eco surpreendente no efeito do observador na física quântica.

Além disso, o impacto da relatividade nas práticas espirituais contemporâneas pode ser observado no movimento crescente em direção a uma espiritualidade global que transcende as fronteiras religiosas tradicionais. Num mundo cada vez mais ligado, mas paradoxalmente dividido, a relatividade apoia uma estrutura que valoriza a diversidade dentro da unidade, encorajando um pluralismo espiritual que é mais adaptável à comunidade global interligada do século XXI. Esta abordagem pluralista fomenta uma compreensão e aceitação mais profundas de vários caminhos espirituais, promovendo a paz e a cooperação entre diferentes grupos religiosos e espirituais.

A exploração da forma como a relatividade influencia as práticas espirituais contemporâneas fornece assim uma lente única através da qual se pode ver a evolução do pensamento espiritual na era moderna. Oferece uma ponte entre o empírico e o existencial, o físico e o metafísico, desafiando e expandindo as fronteiras da forma como definimos e experienciamos a espiritualidade numa era dominada pelo progresso científico e pelo avanço tecnológico. Ao examinar esta interação, podemos obter uma visão da paisagem espiritual contemporânea, compreendendo tanto as suas correntes como as suas correntes subterrâneas, à medida que navega no vasto e intrincado cosmos da crença sob o céu expansivo do pensamento relativista.

As implicações espirituais do espaço-tempo e da unidade

A teoria da relatividade postula que as dimensões do tempo e do espaço não são absolutas, mas são experimentadas em relação ao movimento e à posição do observador. Este conceito tem profundas implicações espirituais, especialmente quando comparado com os ensinamentos espirituais de várias tradições, que argumentam contra o absolutismo do mundo sensorial e propõem uma realidade mais profunda e interligada, abaixo do nível superficial das aparências.

Em contextos espirituais, especialmente no Hinduísmo e no Budismo, as noções de Maya e Sunyata expressam que o mundo, tal como é percebido pelos sentidos, não é a realidade última, mas uma projeção distorcida. Maya, um conceito predominante na filosofia hindu, refere-se à ilusão cósmica em que as coisas parecem distintas e separadas umas das outras. Do mesmo modo, no budismo, Sunyata ou a doutrina do vazio, defende que as coisas não possuem uma existência inerente e independente, mas são interdependentes e definidas através das suas relações com outras coisas. Estas ideias desafiam a perceção de um universo fixo e imutável, sugerindo, em vez disso, que a realidade é dinâmica e fluida.

A teoria da relatividade de Einstein fornece uma estrutura científica convincente que ressoa com esses ensinamentos espirituais. A relatividade demonstra que a nossa medição do tempo e do espaço pode variar dependendo de factores como a velocidade e a massa gravitacional, o que significa que a nossa experiência da realidade é influenciada pela nossa posição e movimento no universo. Esta compreensão científica pode ser vista como um suporte metafórico para a visão espiritual de que a realidade não é uma entidade fixa, mas uma construção que depende fortemente da perspetiva e do contexto pessoal.

Além disso, o princípio de que as observações do universo podem variar tão drasticamente de uma perspetiva para outra alinha-se com a prática espiritual de cultivar múltiplos pontos de vista. Nas tradições espirituais, sugere-se frequentemente que uma perspetiva mais ampla e inclusiva da realidade, que transcenda os preconceitos pessoais e culturais, é essencial para compreender a verdadeira natureza da existência. A relatividade sublinha este facto ao mostrar quão dramaticamente o universo pode parecer mudar quando observado a partir de diferentes estados de movimento ou de regiões com diferentes intensidades gravitacionais.

As implicações deste alinhamento entre a relatividade e conceitos espirituais como Maya e Sunyata são significativas. Eles fornecem uma linguagem contemporânea através da qual os praticantes espirituais podem articular a sabedoria antiga sobre a interconexão de toda a vida e a natureza ilusória da separação física. Permitem colmatar o fosso entre a compreensão científica e a intuição espiritual, sugerindo que a busca do conhecimento - seja através da ciência ou da espiritualidade - conduz a uma convergência de verdades semelhantes sobre a natureza da realidade.

Esta intersecção convida a uma visão holística da compreensão humana, uma visão que valoriza tanto o científico como o espiritual como necessários para uma compreensão mais completa da nossa existência e do nosso universo. A esta luz, o estudo da relatividade não só expande a nossa compreensão do cosmos, como também aprofunda a nossa visão dos ensinamentos espirituais que têm guiado o pensamento humano durante milénios. Assim, ao explorar estes paralelos, podemos promover uma visão do mundo mais integrada que mistura harmoniosamente o empírico com o existencial, conduzindo a uma profunda transformação na forma como nos percepcionamos a nós próprios e ao nosso universo interligado.

Impacto na noção de Deus e do Universo

A relatividade, com as suas profundas implicações na nossa compreensão do tempo e do espaço, oferece de facto uma nova perspetiva que pode expandir os conceitos teológicos tradicionais de Deus. As visões tradicionais de Deus como omnisciente (que tudo sabe) e omnipresente (presente em todo o lado) são enriquecidas e matizadas quando consideradas através da lente da relatividade, que apresenta um universo interligado, dinâmico e em constante evolução.

1. Um universo dinâmico e um Deus dinâmico:

Na teologia clássica, Deus é frequentemente visto como transcendente e imutável, existindo para além do universo físico e imutável na natureza. No entanto, o universo dinâmico descrito pela relatividade, onde o tempo e o espaço são fluidos e sujeitos à influência da massa e da energia, pode sugerir uma conceção de Deus mais imanente e dinamicamente envolvida. Esta visão alinha-se bem com as crenças panenteístas, que defendem que Deus está dentro de tudo e se estende para além do universo físico. Nesta perspetiva, Deus não é apenas um criador distante, mas uma presença contínua na evolução do universo, intimamente ligado ao tecido da existência e respondendo dinamicamente às suas mudanças.

2. Interligação e omnipresença:

A interconexão implícita no contínuo espaço-tempo também pode oferecer um modelo cosmológico que incorpora a omnipresença de Deus. Se todos os pontos do universo estão ligados através do tecido do espaço-tempo, e se este tecido pode dobrar-se e flexionar-se sob a influência da massa e da energia, pode postular-se que a presença de Deus permeia todas as partes do universo, não num sentido estático, mas como uma influência dinâmica que participa na dança cósmica da gravidade, da matéria e da energia. Este modelo ajuda a preencher a lacuna entre um Deus pessoal envolvido no mundo e a força abstrata impessoal que rege as leis da física.

3. Relatividade e intemporalidade:

A relatividade também introduz um conceito de tempo que apoia os atributos intemporais frequentemente atribuídos a Deus. Na relatividade, quanto mais um objeto se aproxima da velocidade da luz, mais o tempo abranda em relação a observadores a velocidades mais baixas. Este efeito, conhecido como dilatação do tempo, sugere o conceito de intemporalidade para um ser capaz de existir à velocidade da luz ou para além dela - uma caraterística frequentemente atribuída a um ser divino. Além disso, no continuum espaço-tempo, o passado, o presente e o futuro não são absolutos, mas conceitos relativos dependentes do quadro de referência do observador. Isto pode ser paralelo a conceitos teológicos em que a omnisciência de Deus inclui um "agora" eterno que transcende a nossa experiência linear do tempo.

4. Uma visão cosmológica da omnipotência de Deus:

A vastidão e a complexidade do universo, tal como descritas pela relatividade, com os buracos negros, a dilatação do tempo e a curvatura da luz, podem inspirar um renovado sentido de admiração e espanto que expande a nossa compreensão da omnipotência de Deus. As imensas forças e energias em jogo, que governam a expansão e contração do próprio cosmos, podem ser vistas como manifestações do poder divino, onde as capacidades de Deus são expressas através dos fenómenos naturais que moldam o universo.

Em resumo, a teoria da relatividade não só aprofunda a nossa compreensão do cosmos físico como também enriquece a nossa perceção teológica e espiritual de Deus. Ao apresentar um universo que está interligado, é dinâmico e relativo, a relatividade pode ajudar a concetualizar um Deus que está imanentemente presente nas e através das complexidades do cosmos, influenciando e sendo influenciado pelo mundo material. Esta visão alargada pode facilitar uma integração mais profunda da ciência e da espiritualidade, levando a uma visão mais ampla e inclusiva do divino, que abraça os mistérios dos aspectos físicos e metafísicos da existência.

Misticismo e experiência do universo

O diálogo entre os conhecimentos da relatividade e as experiências místicas enriquece a compreensão tanto da ciência como da espiritualidade, sugerindo que a natureza última da realidade é muito mais complexa e interligada do que a perceção sensorial comum pode revelar. O conceito de que a estrutura do universo pode ser fundamentalmente diferente da forma como aparece alinha-se de perto com as tradições místicas que afirmam uma realidade mais profunda para além do mundo observável.

Transcendência das limitações sensoriais:

As tradições místicas de todas as culturas há muito que defendem que a verdadeira natureza da realidade transcende as limitações físicas e sensoriais da experiência humana comum.

As práticas que visam transcender estas limitações envolvem frequentemente a meditação, a contemplação e outras formas de disciplina espiritual que procuram acalmar a mente e expandir a consciência para além dos seus limites quotidianos. Os princípios da relatividade apoiam estas visões místicas, ilustrando cientificamente como aquilo que percepcionamos - seja o tempo, o espaço ou o movimento - não é uma realidade absoluta, mas uma perceção relativa dependente do nosso quadro de observação específico.

Realidade Não-Ordinária:

A relatividade revela que o nosso entendimento convencional do espaço e do tempo como fixos e absolutos é uma ilusão resultante da nossa perspetiva limitada. Por exemplo, o conceito de simultaneidade na relatividade demonstra que os acontecimentos vistos como simultâneos num quadro de referência podem não o ser noutro quadro. Esta perceção científica pode servir de paralelo às experiências místicas em que os praticantes relatam uma sensação de intemporalidade ou um encontro com uma realidade que funciona segundo princípios diferentes dos observáveis no mundo quotidiano. Isto está em profunda sintonia com as experiências místicas, em que as categorias comuns de compreensão são transcendidas para experimentar a realidade de forma mais direta e profunda.

Unidade e interconexão:

O tecido do espaço-tempo, tal como descrito pela relatividade, em que tudo no universo está interligado através da curvatura do espaço-tempo em torno da massa e da energia, é paralelo às noções místicas de unidade e à natureza interligada de toda a existência. Os místicos descrevem frequentemente um sentimento de unidade com o divino que engloba todas as coisas, uma perspetiva que a relatividade espelha ao descrever um universo onde a separação é uma ilusão criada pela nossa perceção limitada de uma topologia muito mais complexa da realidade.

Meditação e Contemplação:

Nas práticas espirituais contemporâneas, estas percepções da relatividade podem encorajar formas de meditação e contemplação que se concentram em transcender as distinções comuns feitas pelos sentidos - entre o eu e o outro, aqui e ali, agora e depois. Ao meditar sobre as implicações da relatividade, os praticantes podem cultivar um sentido de ligação a uma ordem cósmica mais vasta e talvez tocar na experiência intuitiva da realidade que os místicos descrevem - profunda, interligada e transcendente.

Narrativa espiritual melhorada:

A relatividade, portanto, não apenas expande nossa compreensão científica, mas também aumenta o escopo narrativo das práticas espirituais. Ao alinhar a experiência mística de uma realidade não ordinária e interligada com conceitos científicos que sugerem conclusões semelhantes sobre o universo físico, constrói-se uma ponte entre o empírico e o espiritual. Esta síntese convida a uma visão holística da compreensão humana, que reconhece o valor tanto das experiências místicas como dos conhecimentos científicos na nossa busca da verdade.

Desta forma, a teoria da relatividade não muda apenas a nossa compreensão do funcionamento do universo; convida também a uma exploração mais profunda dos caminhos místicos que procuram experimentar e compreender as realidades mais profundas subjacentes ao mundo fenomenal. Esta polinização cruzada de ideias entre a ciência e a espiritualidade enriquece ambos os domínios, oferecendo uma apreciação mais abrangente e profunda do universo e do nosso lugar nele.

Considerações éticas e morais

Relativismo moral e ética contextual:

Se a natureza da própria realidade física pode mudar com base na perspetiva de um observador, pode argumentar-se que as verdades morais também podem ser vistas como relativas, variando de acordo com as diferentes perspectivas culturais, sociais ou individuais. Isto não significa necessariamente que todos os juízos morais sejam subjectivos ou arbitrários, mas sublinha a importância do contexto na avaliação das questões morais e éticas. Tal como a teoria da relatividade nos convida a considerar a posição e a velocidade de um observador na compreensão dos acontecimentos físicos, também podemos considerar os contextos culturais e situacionais em que as decisões morais são tomadas. Esta perspetiva encoraja uma abordagem mais matizada da ética, que reconheça as complexidades envolvidas nos juízos e acções.

Empatia e perspectivas múltiplas:

O princípio da relatividade da simultaneidade pode também servir de metáfora para a importância da empatia e da compreensão das múltiplas perspectivas nas deliberações éticas. Tal como os acontecimentos físicos podem parecer diferentes consoante o quadro de referência de cada um, também as questões morais e éticas podem parecer diferentes da perspetiva cultural ou pessoal de outra pessoa. Reconhecer este facto pode promover uma maior tolerância e paciência nas interacções interculturais e interpessoais, uma vez que exige a compreensão de que os outros podem não só ver as coisas de forma diferente, mas também vivê-las de forma diferente com base na sua "posição de observação" no tecido social, cultural ou económico.

Compaixão e responsabilidade universal:

De um ponto de vista espiritual, a interconexão sugerida pela relatividade pode levar a um maior sentido de responsabilidade global e universal. Em muitas tradições espirituais, a perceção de uma interligação fundamental entre todos os seres conduz frequentemente a um apelo a uma compaixão alargada. Se aceitarmos que as nossas vidas estão entrelaçadas com as dos outros através do próprio tecido do universo, as nossas responsabilidades éticas podem ser vistas como algo que se estende para além do nosso ambiente imediato, incluindo considerações mais amplas, talvez globais. Isto pode resultar num imperativo moral de agir de forma a reconhecer e honrar as nossas ligações a todos os outros seres.

Tolerância e reconciliação:

Por último, a aceitação da ideia de que existem múltiplas perspectivas legítimas sobre a realidade pode contribuir para uma maior tolerância e para um impulso à reconciliação em situações de conflito. Num mundo frequentemente dividido por crenças e pontos de vista profundamente enraizados, o reconhecimento da natureza relativa destas perspectivas pode abrir caminho a um diálogo mais construtivo e a esforços de construção da paz. Este aspeto pode ser particularmente relevante nos diálogos multi-religiosos e nas interacções interculturais, em que as diferentes perspectivas sobre a verdade, a moralidade e o divino conduzem frequentemente a conflitos.

Na sua essência, as considerações morais e éticas sugeridas pela relatividade da simultaneidade desafiam-nos a refletir mais profundamente sobre os fundamentos dos nossos juízos morais e sobre a forma como nos relacionamos com os outros. Ao realçar a importância da perspetiva, do contexto e da interligação, a relatividade não só aprofunda a nossa compreensão do universo como também enriquece a nossa vida ética e moral, encorajando uma visão do mundo mais inclusiva, compassiva e tolerante.

A Relatividade nas Narrativas Espirituais Contemporâneas

Na literatura e na arte, bem como no discurso espiritual moderno, a relatividade serve como uma alegoria profunda para a profunda interconexão de toda a existência - um conceito central para muitas tradições espirituais e místicas. Esta estrutura científica, ao ilustrar como o espaço, o tempo e a matéria estão fundamentalmente ligados, faz um paralelo com as descrições místicas do universo, onde todas as separações são vistas como ilusões e tudo é percebido como parte de um todo unificado. A noção de que a observação de um acontecimento é profundamente influenciada pela posição e movimento do observador espelha os ensinamentos místicos sobre a subjetividade da experiência humana e a possibilidade de transcender estas limitações para vislumbrar uma verdade mais fundamental sobre o universo. Assim, a relatividade não se limita a informar a compreensão científica; também fornece uma linguagem rica e contemporânea através da qual os ensinamentos espirituais sobre a interligação e a unidade de toda a vida podem ser expressos e explorados de novas formas. Esta sinergia da ciência e da espiritualidade não só valida a sabedoria antiga com conhecimentos modernos, como também melhora a busca espiritual ao sugerir que o próprio universo é uma manifestação de uma realidade profundamente interligada, oferecendo uma visão cósmica convincente que ressoa através de culturas e épocas.

Conclusão

A interação entre a teoria da relatividade de Albert Einstein e várias tradições espirituais sublinha uma fascinante convergência entre ciência e espiritualidade, onde as fronteiras das explorações físicas e metafísicas se confundem. A relatividade não se limita a remodelar a nossa compreensão científica de fenómenos como a gravidade, o tempo e o espaço;

também estende o seu alcance aos domínios filosófico e espiritual, levando a uma reavaliação de crenças antigas sobre a natureza e a estrutura da realidade.

Ao elucidar a natureza flexível do tempo e do espaço, a relatividade apoia e aprofunda o conceito espiritual de um universo dinâmico e interligado. Desafia a visão clássica, newtoniana, de um universo previsível e mecanicista, substituindo-a por um cosmos que é muito mais complexo e interligado. Esta perspetiva alinha-se de perto com as percepções místicas de várias tradições, que entendem todas as formas de existência como estando fundamentalmente interligadas e fazendo parte de um todo contínuo.

Além disso, o impacto da relatividade estende-se às visões espirituais sobre o divino, sugerindo uma visão mais expansiva e imanente de Deus que transcende as concepções tradicionais e antropomórficas. Isto alinha-se com as perspectivas panteístas e panenteístas encontradas em várias tradições espirituais, em que Deus é visto não como uma entidade externa mas como uma parte intrínseca do universo, manifestando-se através do próprio tecido do espaço e do tempo.

No domínio da ética, a relatividade da simultaneidade introduz uma visão metafórica profunda sobre a importância da perspetiva nos juízos morais. Defende uma forma de relativismo ético em que a compreensão e a empatia entre diferentes perspectivas culturais e individuais são cruciais. Isto promove uma abordagem mais alargada e inclusiva da ética, realçando a compaixão, a tolerância e a reconciliação de diferentes pontos de vista morais.

À medida que a relatividade continua a permear as narrativas espirituais contemporâneas, enriquece o diálogo em torno da espiritualidade, fornecendo uma estrutura científica moderna que apoia e melhora as antigas compreensões místicas. A exploração destes temas vai além da investigação académica ou científica; é uma conversa vibrante e contínua que abrange a literatura, a arte e a prática espiritual quotidiana, reflectindo uma busca profunda e colectiva para compreender o cosmos e o nosso lugar nele.

Esta síntese de ideias na intersecção da ciência e da espiritualidade não só valida a visão espiritual através da lente da ciência contemporânea, como também convida a reflexões mais profundas e informadas sobre os mistérios da existência. Uma exploração completa destes temas aprofundaria textos específicos, práticas e os líderes de pensamento que navegam neste rico terreno, ilustrando ainda mais a forma como a convergência da ciência e da espiritualidade continua a evoluir e a influenciar a nossa compreensão do universo.

Os avanços tecnológicos e as suas implicações espirituais

A intersecção entre os avanços tecnológicos e as suas implicações espirituais é uma área rica de investigação que abrange várias disciplinas, incluindo a teologia, a filosofia, os estudos tecnológicos e a ética. À medida que a tecnologia evolui a um ritmo acelerado, molda profundamente a experiência humana, as normas sociais e as práticas espirituais. As implicações de tais avanços desencadeiam frequentemente debates complexos sobre a melhoria das capacidades humanas, a natureza da consciência e a interconexão espiritual da humanidade.

1. Reforço das capacidades humanas

A tecnologia tem o potencial de melhorar consideravelmente as capacidades físicas e cognitivas do ser humano. Inovações como a edição de genes, a inteligência artificial (IA) e a neurotecnologia levantam questões sobre o que significa ser humano. De uma perspetiva espiritual, estes melhoramentos podem ser vistos como uma extensão da criação de Deus e da realização do potencial humano ou, em alternativa, como uma ultrapassagem dos limites divinos. Várias tradições religiosas podem interpretar estas melhorias à luz de conceitos como a santidade do corpo humano, a alma e o plano divino.

- Edição de genes: O CRISPR e outras tecnologias de edição de genes podem potencialmente eliminar doenças, o que pode ser visto espiritualmente como cura e actos benevolentes alinhados com a compaixão divina. No entanto, também podem ser vistas como um ato humano que ultrapassa o desígnio da criação.

. Inteligência Artificial: A IA desafia as visões tradicionais da singularidade divina na criação, especialmente no que respeita à racionalidade e à consciência, tradicionalmente vistas como exclusivas dos seres humanos ou de um ser divino.

2. Realidade Virtual e Realidade Aumentada

As tecnologias de Realidade Virtual (RV) e Realidade Aumentada (RA) oferecem experiências imersivas que podem transformar a perceção e a interação com o mundo. Estas tecnologias podem criar espaços para o culto virtual, a meditação e a comunidade, com um impacto profundo nas práticas e experiências espirituais.

- Locais de culto virtuais: Estes locais podem tornar as práticas espirituais mais acessíveis às pessoas fisicamente incapazes de frequentar os locais de culto tradicionais ou que se encontram geograficamente distantes.
- Experiências espirituais: A RV pode simular experiências transcendentes que anteriormente eram difíceis ou impossíveis de alcançar, levantando questões sobre a autenticidade e o valor espiritual das experiências

mediadas tecnologicamente.

3. Inteligência artificial como guia espiritual

O desenvolvimento da IA como companheiros ou guias apresenta uma intersecção única entre tecnologia e espiritualidade. Os sistemas de IA podem potencialmente guiar os indivíduos através de textos espirituais, oferecer conselhos espirituais personalizados ou mesmo conduzir sessões de meditação.

. A IA e os cuidados pastorais: A IA poderá prestar serviços básicos de aconselhamento, utilizando dados vastos para adaptar os conselhos às necessidades espirituais individuais, embora isto suscite preocupações quanto à profundidade, empatia e compreensão que os verdadeiros cuidados pastorais exigem.

4. Biotecnologia e imortalidade

As tecnologias que prometem o prolongamento da vida ou a imortalidade confrontam as crenças espirituais sobre a vida, a morte e a vida após a morte. Em muitas tradições espirituais, a mortalidade é vista como um aspeto fundamental da existência humana e uma porta de entrada para um reino espiritual ou uma existência diferente.

. Transhumanismo: Este movimento apoia a transformação das condições humanas através do desenvolvimento e da disponibilização generalizada de tecnologias sofisticadas para melhorar o intelecto e a fisiologia humanos. A implicação espiritual aqui gira em torno da transformação das doutrinas fundamentais sobre a vida, o sofrimento, a morte e o objetivo existencial.

5. Considerações éticas e morais

Todos os avanços tecnológicos trazem consigo questões éticas e morais. De uma perspetiva espiritual, estas considerações centram-se frequentemente em questões como a equidade, a justiça e as implicações morais da criação ou alteração da vida.

- Tecnologias de vigilância: Apesar de aumentarem potencialmente a segurança e a eficiência, estas tecnologias também levantam preocupações sobre a privacidade, a autonomia e o livre arbítrio, componentes importantes em muitas tradições espirituais.

Conclusão

A relação entre tecnologia e espiritualidade é dinâmica e multifacetada. Os avanços tecnológicos podem tanto desafiar como melhorar as crenças e práticas espirituais. À medida que continuamos a inovar, torna-se crucial que os líderes espirituais, os especialistas em ética e os tecnólogos dialoguem para garantir que estes avanços se alinham com os princípios éticos e melhoram o bem-estar humano e espiritual, respeitando e integrando a diversidade de perspectivas espirituais na nossa comunidade global.

Direcções futuras na convergência da ciência e da espiritualidade

A convergência da ciência e da espiritualidade há muito que fascina pensadores, académicos e profissionais de várias áreas. À medida que avançamos no século XXI, esta intersecção está pronta a evoluir de forma significativa, influenciada pelos avanços tecnológicos, pela mudança de paradigmas culturais e por novas investigações filosóficas.

1. Estudos de Neurociência e Consciência

A neurociência começou a explorar questões tradicionalmente reservadas à filosofia e à espiritualidade, como a natureza da consciência e a experiência de estados transcendentais. A investigação futura poderá centrar-se mais na compreensão do modo como as práticas espirituais, como a meditação e a oração, afectam o funcionamento do cérebro, podendo conduzir a melhores terapias para a saúde mental e a conhecimentos mais profundos sobre a natureza da consciência humana.

2. Física Quântica e Metafísica

A física quântica continua a desafiar a nossa compreensão da realidade, com conceitos como o emaranhamento, a sobreposição e o efeito do observador que ressoam com ideias místicas e espirituais. O diálogo contínuo entre os físicos quânticos e os mestres espirituais é suscetível de se aprofundar, conduzindo potencialmente a uma compreensão mais profunda do universo que incorpora tanto o rigor científico como as percepções espirituais.

3. Inteligência Artificial e Ética

À medida que os sistemas de IA se tornam mais avançados, as questões sobre as implicações espirituais e éticas da consciência e da senciência não humanas tornam-se mais prementes. Isto pode levar a novas perspectivas espirituais sobre a natureza da vida e da consciência, incluindo debates sobre a alma, a reencarnação e a moralidade nas máquinas.

4. Medicina Integrativa

O campo crescente da medicina integrativa combina práticas médicas tradicionais com terapias alternativas frequentemente enraizadas em tradições espirituais, como o ioga, a acupunctura e a Ayurveda. No futuro, poderá assistir-se a uma abordagem cientificamente mais rigorosa destas práticas, validando a sua eficácia e integrando-as mais plenamente nos sistemas de saúde tradicionais.

5. Eco-espiritualidade e ciências do ambiente

Numa altura em que o planeta enfrenta crises ambientais, a convergência entre a espiritualidade e a ciência poderá promover uma consciência ecológica mais profunda. Isto poderia levar a uma abordagem mais holística da conservação ambiental, em que a reverência espiritual pela natureza complementa as abordagens científicas da sustentabilidade.

6. Diálogo inter-religioso global

A melhoria das tecnologias de comunicação e a globalização estão a aproximar as diversas tradições espirituais umas das outras. Isto poderá conduzir a mais diálogos inter-religiosos, em que os conhecimentos científicos são utilizados para ultrapassar diferenças espirituais e promover uma ética global centrada em valores humanos partilhados e na compreensão científica.

7. Educação e Pedagogia

O sector da educação pode incorporar cada vez mais cursos que explorem as intersecções entre ciência e espiritualidade, com o objetivo de proporcionar uma visão mais holística do conhecimento que aborde tanto questões empíricas como existenciais. Isto poderia ajudar a desenvolver indivíduos mais completos, com literacia científica e consciência espiritual.

8. Soluções tecnológicas e espirituais para o aperfeiçoamento humano

Os avanços da biotecnologia, da neurotecnologia e da farmacologia poderão cruzar-se com práticas espirituais para melhorar as capacidades cognitivas, a saúde emocional e o bem-estar físico. As discussões éticas em torno destas tecnologias irão provavelmente incorporar perspectivas espirituais sobre o melhoramento das capacidades humanas.

Conclusão a convergência da ciência e da espiritualidade continuará provavelmente a desafiar os nossos entendimentos e fronteiras tradicionais. Ao abraçar tanto a evidência empírica como a sabedoria espiritual, esta integração pode contribuir para uma compreensão mais rica e matizada do universo e do nosso lugar nele, acabando por influenciar tudo, desde o bem-estar individual até às decisões políticas globais. A chave para uma convergência frutuosa reside na manutenção de um diálogo aberto que respeite tanto o rigor empírico como os aspectos intangíveis da experiência humana.

Transformação pessoal e colectiva

✚ Transformação através da compreensão da relatividade

O conceito de transformação através da compreensão da relatividade é profundamente fascinante, abrangendo tanto as transformações literais na física, tal como descritas pela teoria da relatividade, como as transformações metafóricas na forma como percepcionamos e interagimos com o mundo. A teoria da relatividade, particularmente as teorias da relatividade especial e geral de Einstein, revolucionou a nossa compreensão do tempo, do espaço e da gravidade.

1. Transformação científica

A relatividade de Einstein mudou a face da física:

Relatividade Especial (1905)

. Dilatação do tempo e contração do comprimento: À medida que os objectos se aproximam da velocidade da luz, o tempo para esses objectos parece abrandar em relação aos observadores em repouso, e o seu comprimento na direção do movimento parece contrair-se. Isto revelou que o tempo e o espaço não são absolutos, mas são vividos de forma diferente consoante a velocidade de cada um.

. $E=mc^2$: Esta equação mostra que a massa e a energia são permutáveis, alterando profundamente a forma como compreendemos a energia e a matéria do universo.

Relatividade Geral (1915)

- Curvatura do Espaço-Tempo: A gravidade não é meramente uma força entre massas, como Newton descreveu, mas uma curvatura do espaço-tempo causada por massa e energia. Este facto tem implicações profundas na nossa compreensão dos buracos negros, na evolução das estrelas e na expansão do Universo.

. Sucessos de previsão: A relatividade geral previu fenómenos como a curvatura da luz pela gravidade (lente gravitacional), a órbita precisa de Mercúrio e a expansão do Universo, cada um dos quais foi confirmado por observações e experiências.

2. Transformação metafórica

A compreensão da relatividade pode também transformar a nossa perspetiva filosófica da vida:

Relatividade da perceção

Tal como a teoria da relatividade mostra que as observações dependem do movimento relativo do observador e do observado, podemos aplicar um conceito semelhante às nossas interacções e à compreensão que temos uns dos outros. Isto pode ensinar tolerância e flexibilidade nas perspectivas, lembrando-nos que diferentes pontos de vista podem coexistir harmonicamente.

Interligação

As equações de campo da relatividade geral de Einstein, que descrevem a interação entre massa-energia e a curvatura do espaço-tempo, sugerem um universo onde tudo está interligado através de forças fundamentais. Esta ideia pode conduzir a uma visão mais holística do nosso lugar no universo, onde as nossas acções ressoam num quadro cósmico mais vasto.

Inovação e criatividade

A mudança revolucionária no pensamento provocada pela teoria de Einstein convida-nos a desafiar as normas aceites e a explorar para além dos limites convencionais. Tal como a relatividade redefiniu o possível, pode inspirar-nos a pensar de forma criativa noutros domínios.

3. Impactos educativos e sociais

A aprendizagem da relatividade não só transforma a

compreensão individual, como também tem impactos educativos e sociais mais vastos:

- Currículos educativos: A incorporação da relatividade nos currículos educativos pode melhorar o pensamento crítico e a literacia científica.
- Impacto cultural: A compreensão popular de conceitos como os buracos negros, o Big Bang e a dilatação do tempo permeia filmes, livros e arte, influenciando a cultura em geral.

A compreensão da relatividade oferece uma transformação profunda na forma como vemos o mundo físico e as nossas interacções interpessoais. Ao combinar o rigor da ciência com a subtileza das relações humanas, a relatividade enriquece tanto o nosso conhecimento como a nossa sabedoria. Quer seja através da lente da física ou da perspetiva de uma visão filosófica, a relatividade continua a inspirar e a remodelar a nossa visão do mundo.

Evolução espiritual colectiva num universo relativista

A evolução espiritual colectiva refere-se ao desenvolvimento de valores espirituais partilhados, crenças e práticas dentro de uma sociedade ou entre grupos que promovem uma ligação e compreensão mais profundas do universo e do nosso lugar dentro dele. Num universo relativista, onde os conceitos de espaço, tempo e causalidade são fluidos e interconectados, a compreensão da evolução espiritual colectiva torna-se mais complexa, mas também potencialmente mais enriquecedora.

O universo relativista, tal como descrito pelas teorias da relatividade geral e especial de Einstein, postula que o tecido do espaço e do tempo é maleável, influenciado pela matéria e pela energia, e que os observadores em diferentes estados de movimento ou campos gravitacionais podem experienciá-los de forma diferente. Este quadro concetual convida-nos a explorar a forma como estas verdades físicas podem ser metaforicamente paralelas à nossa compreensão das verdades espirituais, que falam frequentemente de interligação, de não linearidade nas experiências e de estados transcendentes para além da nossa perceção habitual da realidade.

Historicamente, a evolução espiritual tem sido conceptualizada em muitas tradições como uma viagem individual em direção à iluminação ou a um estado superior de ser, envolvendo a transformação pessoal através de práticas como a meditação, a oração ou a vida ética. No entanto, quando considerada coletivamente, a evolução espiritual envolve valores comunitários e visões partilhadas que contribuem para o desenvolvimento e transformação globais das sociedades. Esta evolução não é apenas interna e pessoal, mas é também externa e comunitária, afectando as normas sociais, as leis, a educação e a cultura.

Ao explorar a evolução espiritual colectiva dentro de uma estrutura relativista, devemos considerar como diferentes "observadores" ou culturas experimentam e interpretam o universo. Tal como na física relativista, em que nenhum quadro de observação é privilegiado em relação a outro, num contexto espiritual, as diversas tradições culturais e espirituais fornecem percepções variadas sobre a natureza da existência e do cosmos. Cada tradição pode ser vista como um quadro de referência diferente, oferecendo contribuições únicas para a compreensão colectiva das verdades espirituais.

Esta analogia relativista estende-se à forma como estas várias perspectivas espirituais podem interagir e influenciar-se mutuamente. Tal como a gravidade pode curvar a luz, as ideias e os movimentos espirituais poderosos podem alterar as paisagens sociais e culturais em que se movem. Esta interação pode conduzir a uma síntese de ideias espirituais ou, pelo contrário, a conflitos e fragmentação, dependendo da forma como estas ideias são absorvidas, resistidas ou integradas nas sociedades.

Um dos princípios centrais de muitas tradições espirituais é o conceito de unidade ou unicidade. Num universo relativista, compreendemos que os objectos maciços dobram o espaço-tempo, criando aquilo a que chamamos gravidade. Este efeito de deformação que une as galáxias pode ser visto como uma metáfora da forma como os princípios espirituais, quando profundamente compreendidos e amplamente adoptados, mantêm as sociedades unidas, criando um sentido de unidade e de propósito. No entanto, tal como os buracos negros nos alertam para os perigos de demasiada massa (ou rigidez ideológica) concentrada num só lugar, as comunidades espirituais devem também precaver-se contra o dogmatismo e as práticas de exclusão, que podem levar ao colapso social e espiritual.

À medida que a humanidade progride, o potencial para uma evolução espiritual colectiva mais profunda parece estar entrelaçado com a nossa crescente compreensão do universo. Quanto mais aprendemos sobre o vasto cosmos, mais as nossas narrativas e metáforas espirituais evoluem para incorporar esses novos entendimentos. Por exemplo, o conceito de interconexão na física quântica, em que as partículas podem ser emaranhadas através de vastas distâncias, enriquece a nossa compreensão da interconexão espiritual, sugerindo formas em que as nossas acções e pensamentos podem influenciar cantos de longo alcance da nossa rede humana.

Universo Relativista

O conceito de um "universo relativista" transforma fundamentalmente a forma como compreendemos o que nos rodeia e a nós próprios. A teoria da relatividade de Albert

Einstein, que engloba as teorias da relatividade especial e geral, mudou o paradigma de um universo newtoniano, caracterizado por espaço e tempo absolutos, para um universo em que estas dimensões são fluidas e estão interligadas.

A Relatividade Especial, introduzida em 1905, aborda principalmente a física dos objectos que se movem a velocidades constantes próximas da velocidade da luz. Introduz a ideia de que o tempo e o espaço não são propriedades fixas, mas variáveis que se alteram em função da velocidade de um observador. Um dos resultados mais famosos desta teoria é a equação $E=mc^2$, que revela a equivalência entre massa e energia. Este princípio tem implicações profundas na compreensão do potencial energético do cosmos e da permutabilidade da massa e da energia, influenciando significativamente a astrofísica e a cosmologia.

A Relatividade Geral, revelada em 1915, alarga estes conceitos de modo a incluir a aceleração e a gravitação. Propõe que aquilo que percepcionamos como a força da gravidade resulta, na realidade, da curvatura do espaço-tempo causada pela massa e pela energia. Esta curvatura dita a trajetória que os objectos seguirão no espaço-tempo, alterando fundamentalmente a nossa compreensão da forma como os corpos celestes se movem e interagem. As previsões da relatividade geral foram confirmadas através de várias experiências e observações, como a curvatura da luz pela gravidade e a órbita precisa dos planetas.

O universo relativista é uma entidade dinâmica e em evolução onde os absolutos tradicionais de comprimento, tempo e simultaneidade são relativos. Esta relatividade significa que as observações de vários fenómenos no universo podem diferir dependendo do quadro de referência do observador - particularmente a sua velocidade e posição dentro de campos gravitacionais. Este universo sugere uma realidade mais interligada e flexível, em que as perspectivas dependentes do observador moldam a nossa compreensão das leis físicas.

Estas mudanças na compreensão suscitam questões filosóficas e existenciais mais profundas. Se as nossas percepções do tempo e do espaço não são absolutas mas relativas, isso desafia a noção de uma realidade singular e objetiva, potencialmente paralela a questões no domínio da metafísica e da espiritualidade sobre a natureza da consciência e da existência. O universo relativista não se limita a informar-nos sobre o funcionamento do cosmos; convida-nos a repensar o nosso lugar no mesmo e as ligações entre as nossas observações físicas e verdades mais profundas.

Assim, o universo relativista não é apenas um quadro para a compreensão de fenómenos cósmicos como os buracos negros, a expansão do universo e as ondas gravitacionais, mas também uma lente metafórica através da qual podemos explorar conceitos de conexão, a variabilidade da perceção e as profundas implicações da nossa existência num cosmos muito mais intrincado e misterioso do que se imaginava. Esta perspetiva encoraja uma exploração humilde e estimulante do vasto e dinâmico cosmos em que habitamos.

Integração dos dois conceitos

1. Interligação e Unidade: A relatividade introduz um universo onde a separação por tempo e espaço é mais ambígua do que se pensava anteriormente, sugerindo uma interconexão fundamental de todas as coisas. As tradições espirituais fazem frequentemente eco deste facto com crenças na unidade fundamental de toda a existência, por vezes expressa como uma consciência universal ou essência divina.
2. Tempo, espaço e espiritualidade: Na relatividade, o tempo não é um cenário fixo, mas algo que varia com a velocidade e a gravidade. Esta fluidez do tempo pode ser

comparada com as noções espirituais de intemporalidade, momentos eternos ou a ideia de que o crescimento espiritual transcende as fronteiras temporais tradicionais.

3. Relatividade da Perceção: Tal como a relatividade postula que as observações dependem do quadro de referência do observador, os ensinamentos espirituais enfatizam frequentemente a importância da perspetiva pessoal na compreensão das verdades espirituais. A jornada espiritual de cada indivíduo é única, influenciada por suas experiências pessoais e pontos de vista.
4. Evolução da Consciência: Se a consciência é vista como um aspeto fundamental do universo, como sugerem algumas interpretações da mecânica quântica e filosofias espirituais, então a sua evolução pode ser vista como um processo universal, moldado pelas leis físicas que governam a relatividade e outros aspectos do universo físico.
5. Implicações para a cosmologia: Algumas teorias cosmológicas propõem que o próprio universo pode estar a passar por um processo evolutivo, que pode incluir não só dimensões físicas mas também metafísicas ou espirituais. Isto remete para as ideias de muitas tradições espirituais de um cosmos que está vivo, em evolução e imbuído de um objetivo.

<u>Desafios e considerações</u>

A fusão destas ideias coloca desafios, nomeadamente porque a ciência e a espiritualidade utilizam frequentemente métodos diferentes e abordam questões diferentes. Enquanto a ciência se baseia em provas empíricas e testáveis, a espiritualidade envolve a experiência pessoal e a fé. Além disso, a interpretação de teorias físicas como a relatividade em termos metafísicos pode ser controversa e é frequentemente vista como especulativa.

Diferenças metodológicas: A ciência, em particular a física, funciona principalmente através de provas empíricas, experimentação e modelação matemática. A sua força reside na sua capacidade de fornecer previsões repetíveis e testáveis sobre o mundo natural. A espiritualidade, por outro lado, gira frequentemente em torno de experiências subjectivas, transformação pessoal e percepções que são inerentemente não repetíveis e não sujeitas a testes empíricos. Estas experiências são profundamente pessoais e estão frequentemente ligadas a crenças culturais ou religiosas que não se prestam facilmente ao escrutínio científico.

Variações epistemológicas: As formas como o conhecimento é justificado e interpretado também diferem significativamente entre a ciência e a espiritualidade. A ciência procura explicar os fenómenos através de mecanismos observáveis e leis naturais, procurando obter um conhecimento objetivo que seja independente do observador. A espiritualidade, no entanto, valoriza o conhecimento subjetivo e as verdades internas que podem ser específicas do indivíduo ou do contexto cultural, muitas vezes abraçando paradoxos ou mistérios que não são facilmente resolvidos através de uma análise racional.

Linguagem e Interpretação: A linguagem da física, particularmente em tópicos tão abstractos como a relatividade, é altamente técnica e matemática, o que pode ser uma barreira à integração dos seus conceitos com a linguagem mais metafórica e experiencial da espiritualidade. Além disso, interpretar conceitos científicos como a curvatura do espaço-tempo ou os efeitos relativistas no tempo e no espaço através de uma lente espiritual pode levar a mal-entendidos ou analogias demasiado simplistas que não reflectem com precisão as teorias científicas.

Potencial de enriquecimento: Apesar destes desafios, explorar a intersecção entre a física relativista e a espiritualidade pode ser imensamente enriquecedor. Pode ajudar a expandir a nossa compreensão do universo, não só externamente, mas também internamente, explorando a forma como as profundas descobertas científicas podem refletir ou iluminar as verdades espirituais. Por exemplo, a ideia de que a massa e a energia são permutáveis e de que todas as partes do universo estão interligadas pode ser paralela às noções espirituais de unidade e da natureza interligada de toda a existência.

Implicações Filosóficas e Éticas: A física relativista também levanta questões filosóficas significativas sobre o tempo, a existência e o universo que naturalmente se sobrepõem à investigação espiritual. As questões sobre o início do universo, a natureza do tempo e do espaço e o nosso lugar no cosmos são tanto científicas como espirituais. Abordar estas questões de ambas as perspectivas pode levar a um compromisso ético mais profundo com as nossas responsabilidades enquanto seres conscientes num universo vasto e complexo.

Crescimento Humano Coletivo: Considerar estas ideias dentro de uma estrutura de evolução espiritual colectiva convida-nos a pensar sobre como a humanidade como um todo pode crescer através da integração da sabedoria científica e espiritual. Encoraja uma exploração mais alargada do potencial humano e da nossa relação com o cosmos, promovendo uma visão holística que engloba tanto o conhecimento empírico como a sabedoria espiritual.

Em última análise, embora a integração da física relativista e da evolução espiritual seja complexa e repleta de potenciais interpretações erróneas, também tem a promessa de produzir uma compreensão mais rica e matizada do universo e do nosso lugar nele. Ao envolvermo-nos com ambas as perspectivas, podemos descobrir novos caminhos para o crescimento intelectual e o avanço coletivo.

⯈ Estudos de caso e relatos pessoais

Análise do estudo de caso 1: O efeito de síntese

Introdução: O Efeito Panorama representa uma experiência transformadora que alguns astronautas sofrem durante o voo espacial, particularmente quando observam a Terra a partir do espaço. Esta mudança cognitiva engloba uma série de emoções e percepções sobre a vulnerabilidade do planeta e a unidade da vida na Terra. O efeito não só mudou a vida dos astronautas que o experimentaram, como também tem o potencial de influenciar atitudes e políticas sociais mais alargadas no que respeita à gestão ambiental e à cooperação internacional.

Transformação pessoal: As profundas mudanças relatadas pelos astronautas que experimentaram o Efeito Panorama incluem mudanças na visão do mundo e um maior senso de conexão com a Terra e a humanidade. Edgar Mitchell, um astronauta que andou na lua durante a missão Apollo 14, fornece um exemplo pungente. A sua experiência no espaço levou-o a explorar os campos da física quântica e da consciência, fundando o Institute of Noetic Sciences com o objetivo de apoiar uma compreensão holística da consciência humana. Da mesma forma, o astronauta Ron Garan foi inspirado a promover a cooperação global e escreveu livros que discutem o potencial de uma sociedade planetária unificada. Estas transformações sugerem um impacto profundo e pessoal, provocando mudanças significativas nos percursos profissionais e nas filosofias de vida.

Implicações colectivas: O Overview Effect tem implicações mais vastas para além dos astronautas individuais. À medida que os relatos deste fenómeno se espalham, promovem uma maior consciência pública da Terra como um sistema finito e interligado. Esta consciencialização pode catalisar mudanças nas atitudes do público relativamente às alterações climáticas, à conservação e à colaboração internacional. Por exemplo, as imagens e histórias partilhadas pelos astronautas têm contribuído historicamente para o movimento ambientalista, realçando a fragilidade dos ecossistemas da Terra. Além disso, estas experiências podem influenciar a política, inspirando os líderes e os decisores políticos a dar prioridade aos benefícios globais e a longo prazo em detrimento dos ganhos nacionais e imediatos.

Dimensões psicológicas e filosóficas: O impacto psicológico do Efeito Panorama levanta questões intrigantes sobre a natureza das mudanças cognitivas induzidas por experiências extraordinárias. Filosoficamente, o efeito toca em conceitos de existencialismo e universalismo, desafiando a visão antropocêntrica convencional e sugerindo uma abordagem mais holística e interligada para compreender o lugar da humanidade no universo. Os relatos dos astronautas oferecem uma visão valiosa das capacidades cognitivas e emocionais humanas, particularmente em resposta a experiências que transcendem os limites comuns.

Perspectivas futuras: Considerando o potencial do Efeito de Síntese para inspirar mudanças globais positivas, o aumento do acesso ao espaço através de voos espaciais comerciais poderia democratizar esta experiência transformadora, amplificando assim os seus impactos sociais. Além disso, a realidade virtual e as tecnologias de simulação imersiva oferecem vias adicionais para replicar aspectos desta experiência para o público em geral, cultivando potencialmente uma perspetiva global mais empática e cooperativa.

Conclusão: O Efeito Panorama constitui um exemplo poderoso de como experiências profundas podem alterar significativamente a perspetiva e o comportamento humanos. Ao explorar e promover os princípios subjacentes a este fenómeno, existe uma oportunidade para aumentar a responsabilidade ambiental colectiva e promover uma comunidade global mais unificada. O estudo e a partilha contínuos do Efeito de Visão Global podem, assim, desempenhar um papel crucial na definição do futuro da humanidade na Terra e mais além.

Análise do Estudo de Caso 2: Mecânica Quântica e Estudos da Consciência

Introdução: Este estudo de caso explora a intrigante intersecção entre a mecânica quântica e a consciência, centrando-se na hipótese de a consciência poder desempenhar um papel na modelação da realidade - um conceito decorrente do efeito do observador na física quântica. John Archibald Wheeler, um físico proeminente, contribuiu significativamente para este discurso, sugerindo que a realidade é informativa e influenciada pela observação humana. Esta intersecção entre a mecânica quântica e a consciência levanta questões filosóficas e científicas profundas sobre a natureza da existência e da perceção humana.

Transformação pessoal: A trajetória profissional de John Archibald Wheeler exemplifica uma transformação intelectual significativa influenciada pelas suas explorações sobre a base informacional da realidade. A sua hipótese "it from bit" sugere que todas as partículas e partes fundamentais da realidade surgem de bits de informação, o que implica que os nossos conhecimentos e observações podem influenciar a manifestação dos fenómenos físicos. Esta mudança de paradigma, de um universo determinista para um universo participativo, evidencia uma mudança profunda na visão de Wheeler do cosmos, ilustrando um movimento no sentido da integração da investigação científica com questões de consciência e perceção.

Implicações colectivas: As ideias propostas por Wheeler e outros teóricos quânticos têm implicações mais vastas que transcendem os limites da física. Tanto no contexto académico como no popular, estas teorias têm estimulado uma reavaliação da separação tradicional entre o observador e o observado, sugerindo um modelo de realidade mais interligado e menos objetivo. Esta reavaliação tem implicações filosóficas, espirituais e práticas, desafiando a nossa compreensão convencional do espaço, do tempo e do nosso papel no universo. No panorama cultural e intelectual mais vasto, estes debates podem influenciar os paradigmas éticos e filosóficos, conduzindo potencialmente a novos quadros de compreensão da ação e da responsabilidade humanas.

Diálogo filosófico e científico: O diálogo entre a mecânica quântica e os estudos da consciência promove um terreno fértil para a investigação interdisciplinar, misturando a física, a filosofia e a espiritualidade. Esta polinização cruzada pode ajudar a colmatar o fosso entre a ciência empírica e as experiências mais subjectivas da realidade. No entanto, a natureza especulativa destas teorias também convida ao ceticismo e exige um escrutínio metodológico rigoroso. Envolver um leque diversificado de académicos e investigadores nesta conversa é crucial para fazer avançar a nossa compreensão, mantendo o rigor científico.

Perspectivas futuras: A discussão em curso sobre a mecânica quântica e a consciência tem o potencial de revolucionar a nossa compreensão tanto do mundo físico como dos nossos papéis pessoais e colectivos dentro dele. À medida que as técnicas e tecnologias científicas avançam, as provas experimentais podem elucidar ainda mais as ligações entre a observação, a informação e a realidade, conduzindo potencialmente a descobertas revolucionárias que podem remodelar os nossos princípios científicos fundamentais e os nossos fundamentos filosóficos.

Conclusão: As contribuições de John Archibald Wheeler para o estudo da mecânica quântica e da consciência representam um ponto fulcral na ciência e na filosofia modernas. A noção de que a consciência pode influenciar a realidade abre vastas áreas de investigação e debate filosófico, com profundas implicações para a nossa compreensão do universo e do nosso lugar nele. Este estudo de caso não só destaca a transformação pessoal de um físico de renome, como também sublinha o potencial impacto coletivo da integração da mecânica quântica com os estudos da consciência nos paradigmas filosóficos, éticos e práticos globais.

Análise do Estudo de Caso 3: Carl Sagan e o Pálido Ponto Azul

Introdução: Carl Sagan destaca-se como uma figura central na popularização da ciência e na expansão da compreensão do público sobre o cosmos. As suas reflexões sobre o "Pálido Ponto Azul" - uma fotografia da Terra tirada pela Voyager 1 a uma distância de cerca de 3,7 mil milhões de quilómetros - são um símbolo poderoso da fragilidade da Terra e da nossa responsabilidade partilhada. A interpretação de Sagan desta imagem levou-o a ter uma visão profunda da vulnerabilidade humana e da interconectividade, que articulou através do seu trabalho e do seu alcance público.

Transformação pessoal: A reação de Sagan à imagem do "Pálido Ponto Azul" não foi apenas científica, mas profundamente filosófica. O seu famoso monólogo sobre o assunto, proferido durante uma palestra pública e mais tarde publicado no seu livro *Pale Blue Dot: A Vision of the Human Future in Space,* reflecte uma mudança significativa de perspetiva que enfatiza a unidade e a preciosidade da vida na Terra. Esta imagem e a sua contemplação por Sagan sublinharam a sua crença na necessidade de uma gestão planetária e na loucura dos conflitos humanos. Esta reflexão aprofundou o seu empenhamento na promoção da consciência ambiental e no fomento de uma perspetiva mais universal da civilização humana.

Implicações colectivas: A capacidade de Carl Sagan para comunicar conceitos científicos complexos de uma forma acessível e cativante permitiu-lhe influenciar um vasto público. O seu trabalho, particularmente através da série televisiva *Cosmos*, teve um impacto profundo nas atitudes do público em relação à ciência e ao espaço. Ao enquadrar a Terra como um "pálido ponto azul" no vasto cosmos, não só expandiu a nossa compreensão do nosso lugar no universo, como também salientou a importância de cuidarmos da nossa única casa. Os seus ensinamentos inspiraram movimentos dedicados à conservação do ambiente, à importância da educação científica e à exploração contínua do espaço, influenciando políticas e sistemas educativos em todo o mundo.

Unindo Ciência e Filosofia: As reflexões de Sagan sobre o "Pálido Ponto Azul" servem de ponte entre a observação científica e a investigação filosófica, promovendo um diálogo que nos desafia a considerar o nosso papel e responsabilidade num universo frágil. Esta abordagem holística não só promove a literacia científica, como também incentiva uma reflexão ética e reflexiva sobre a forma como vivemos e interagimos com o nosso ambiente. O trabalho de Sagan exemplifica a forma como os conhecimentos científicos podem conduzir a reflexões éticas e impulsionar o progresso da sociedade.

Perspectivas futuras: O legado da contemplação de Carl Sagan do "Pálido Ponto Azul" continua a ressoar, particularmente quando as gerações actuais e futuras enfrentam desafios globais prementes, como as alterações climáticas, o esgotamento de recursos e as tensões geopolíticas. A sua visão encoraja um empenhamento contínuo na educação científica, na exploração espacial e na gestão ambiental. A relevância duradoura da sua mensagem sublinha a necessidade de uma defesa e educação contínuas que abarquem uma perspetiva planetária.

Conclusão: A interpretação de Carl Sagan da fotografia do "Pálido Ponto Azul" transcende as suas origens científicas para tocar em temas universais de vulnerabilidade, unidade e responsabilidade. A sua transformação pessoal e o consequente impacto coletivo do seu trabalho ilustram o poder da integração da compreensão científica com a visão filosófica. À medida que continuamos a enfrentar os desafios globais, o apelo de Sagan para valorizar e preservar o nosso pequeno planeta continua a ser tão urgente e inspirador como sempre, servindo para nos lembrar da nossa interligação e interdependência no vasto cosmos.

Análise do Estudo de Caso 4: A Conferência sobre Ciência e Não-Dualidade (SAND)

Introdução: A Conferência Ciência e Não-Dualidade (SAND) serve como uma plataforma única para integrar a investigação científica com a sabedoria espiritual. Ao reunir académicos dos domínios da física, filosofia, espiritualidade e outros, a SAND promove uma exploração abrangente da não-dualidade - um conceito que enfatiza a interconexão de todos os fenómenos e a ilusão da separação. Esta convergência tem como objetivo dissolver as dicotomias tradicionais entre ciência e espiritualidade, oferecendo uma abordagem holística à compreensão da realidade.

Transformação pessoal: Os participantes das conferências SAND experimentam frequentemente mudanças significativas nas suas perspectivas pessoais e profissionais. O envolvimento com conceitos de não-dualidade tipicamente desafia e expande a sua compreensão da realidade, encorajando uma reavaliação das separações percebidas entre o eu e o outro, a ciência e a espiritualidade, e a mente e o corpo. Estas experiências transformadoras podem levar a mudanças profundas na forma como os indivíduos percepcionam o seu trabalho, as suas relações e as suas filosofias pessoais. Esta transformação pessoal é frequentemente caracterizada por um maior sentido de unidade com o universo e uma apreciação mais profunda da interconexão de toda a vida.

Implicações colectivas: Como uma comunidade global em crescimento, a SAND tem impacto numa vasta audiência, incluindo académicos, profissionais e leigos interessados na síntese do conhecimento científico e espiritual. Ao promover o diálogo e a integração entre campos tradicionalmente díspares, a SAND ajuda a cultivar uma compreensão colectiva que transcende as fronteiras estabelecidas. Esta compreensão mais alargada pode levar a abordagens inovadoras em várias disciplinas, incluindo a psicologia, a neurociência, a física e os estudos ambientais, influenciando potencialmente tanto a política como a prática de forma a promover modelos de vida mais sustentáveis e holísticos.

Unir sistemas de conhecimento: A conferência SAND exemplifica o potencial do diálogo interdisciplinar para estabelecer pontes entre diferentes sistemas de conhecimento. Esta ligação é crucial numa era em que questões globais complexas requerem soluções integradas que recorram à ciência, à ética e a percepções espirituais. Os debates na SAND realçam frequentemente as limitações dos métodos científicos convencionais quando se abordam questões de consciência ou da experiência humana, defendendo uma abordagem mais inclusiva que considere tanto as provas empíricas como o conhecimento experimental.

Perspectivas futuras: O sucesso contínuo e a expansão da comunidade SAND sugerem um interesse e uma aceitação crescentes das perspectivas não-duais, tanto na esfera académica como na esfera pública. Futuras conferências e publicações desta comunidade poderiam solidificar ainda mais a base para um novo paradigma na compreensão da natureza da realidade-um que integra harmoniosamente a ciência com a espiritualidade. Além disso, os princípios discutidos em SAND poderiam ter aplicações práticas na educação, na saúde mental e no desenvolvimento comunitário, promovendo ambientes que enfatizem a conetividade e o bem-estar holístico.

Conclusão: A Conferência sobre Ciência e Não-Dualidade representa um movimento significativo no sentido de reconciliar as lacunas sentidas entre os domínios científico e espiritual. Ao facilitar discussões que abrangem formas de compreensão analíticas e intuitivas, a SAND não só promove a transformação pessoal como também contribui para uma mudança colectiva no sentido de uma visão mais integrada e não-dualista do mundo. Este estudo de caso realça o potencial de tais plataformas para reformular as nossas narrativas convencionais sobre o conhecimento e a existência, encorajando uma abordagem mais unificada para resolver os problemas complexos que a humanidade enfrenta atualmente.

Análise do Estudo de Caso 5: Fritjof Capra e o Tao da Física

Introdução: O livro de Fritjof Capra, *O Tao da Física*, ilustra de forma elegante os intrigantes paralelos entre os princípios da física quântica e o misticismo oriental, propondo uma visão unificada do mundo físico e metafísico. Esta obra pioneira despertou um interesse generalizado pela potencial síntese entre as percepções espirituais orientais e as metodologias científicas ocidentais, defendendo uma visão holística da natureza e do papel da humanidade no seu seio.

Transformação pessoal: A exploração de Fritjof Capra das ligações entre a física moderna e a filosofia oriental marcou um ponto de viragem significativo na sua vida e carreira. Esta viagem interdisciplinar não só reformulou as suas perspectivas científicas, como também influenciou profundamente os seus sistemas de crenças pessoais. O profundo envolvimento de

Capra com as tradições orientais, em particular o taoísmo e o budismo, encorajou-o a pensar para além das estruturas convencionais de compreensão da realidade, levando-o a adotar e a promover uma abordagem mais integradora da ciência e da espiritualidade. O seu trabalho reflecte uma mudança de um ponto de vista puramente analítico e reducionista para uma perspetiva mais holística e interligada, enfatizando os aspectos dinâmicos e relacionais do universo.

Implicações colectivas: *O Tao da Física* tem tido um impacto considerável para além do nível pessoal, influenciando vários domínios, incluindo a educação, a política ambiental e a gestão organizacional. As ideias de Capra incentivaram a adoção do pensamento sistémico e da consciência ecológica nos currículos educativos, promovendo uma visão do mundo que sublinha a interconexão de todos os fenómenos. No domínio da política ambiental, a sua abordagem holística apoiou o desenvolvimento de práticas mais sustentáveis e integradoras que reconhecem as complexas interdependências dos ecossistemas. Além disso, o seu trabalho inspirou movimentos em direção a um novo paradigma na ciência e na filosofia, um paradigma que abraça uma compreensão mais inclusiva e holística da vida e das suas inúmeras ligações.

Pontes entre disciplinas: O trabalho de Capra serve de ponte entre as disciplinas da física, da filosofia e da espiritualidade, oferecendo um modelo de como campos diversos se podem informar e enriquecer mutuamente. Ao estabelecer paralelos entre a física quântica e o misticismo oriental, Capra contribuiu para uma aceitação mais alargada das abordagens interdisciplinares na ciência

investigação e investigação filosófica. Esta ligação é crucial para enfrentar os complexos desafios modernos que não podem ser adequadamente compreendidos através de uma única lente disciplinar, exigindo, em vez disso, uma abordagem abrangente e integrada.

Perspectivas futuras: A atual relevância do trabalho de Capra sugere que existe um terreno fértil para uma maior exploração das ligações entre as novas teorias científicas e a antiga sabedoria espiritual. A investigação futura pode expandir as ideias fundamentais de Capra, explorando novas descobertas científicas e as suas implicações filosóficas. Além disso, à medida que as crises ecológicas e sociais globais se aprofundam, a estrutura holística defendida por Capra pode desempenhar um papel fundamental na conceção de soluções eficazes e sustentáveis que sejam informadas tanto pela visão científica como pela sabedoria espiritual.

Conclusão: *O Tao da Física* de Fritjof Capra não só desafiou as fronteiras tradicionais entre ciência e espiritualidade, como também promoveu uma nova forma de pensar e interagir com o mundo. A sua transformação pessoal e o impacto coletivo mais vasto do seu trabalho realçam o profundo potencial da integração de diversos sistemas de conhecimento. Este estudo de caso sublinha a importância das abordagens holísticas e interdisciplinares para o avanço da nossa compreensão do universo e para a resolução dos problemas prementes da sociedade contemporânea.

Análise do Estudo de Caso 6: A Experiência da Dupla Luz e a Perceção Pública da Mecânica Quântica

Introdução: A experiência da dupla fenda é uma das demonstrações mais convincentes da mecânica quântica, ilustrando a natureza dual da luz e da matéria como partículas e ondas. Esta experiência não só desafiou os fundamentos da física clássica, como também influenciou profundamente a forma como conceptualizamos a natureza da realidade. As suas implicações ultrapassam a comunidade científica, afectando os pensamentos filosóficos e a compreensão da ciência por parte do público em geral.

Transformação pessoal: Para muitos dos que se deparam com a experiência da dupla fenda, quer sejam cientistas, estudantes ou o público leigo, a perceção de que a observação pode alterar o resultado de uma experiência é surpreendente. Este fenómeno, em que as partículas agem de forma diferente quando observadas, levou a uma profunda introspeção filosófica sobre a natureza da realidade e o papel da consciência no universo. Desafia a perspetiva tradicional da física newtoniana de que o universo funciona independentemente das nossas observações. Para alguns, isto conduziu a uma perspetiva mais contemplativa da vida e da realidade, integrando frequentemente conceitos da mecânica quântica em filosofias pessoais e, para outros, pode mesmo inspirar uma mudança para o estudo das ciências físicas ou da filosofia.

Implicações colectivas: A publicidade generalizada dos conceitos da mecânica quântica, em particular da experiência da dupla fenda, através de livros, documentários e comunicação científica, teve um impacto significativo na perceção do público. Introduziu o público leigo numa compreensão mais complexa e não-intuitiva do universo, que abraça contradições e desafia o determinismo clássico. Esta mudança catalisou uma aceitação mais ampla da integração de ideias científicas e metafísicas, contribuindo para um meio cultural mais recetivo a discussões sobre a intersecção da ciência, da filosofia e da espiritualidade. Além disso, esta experiência despertou o interesse pelas potenciais aplicações tecnológicas da mecânica quântica, como a computação quântica e a criptografia quântica, alterando as expectativas em relação às futuras capacidades tecnológicas.

Unindo disciplinas: As implicações filosóficas da experiência da dupla fenda incentivaram o diálogo interdisciplinar entre físicos, filósofos e até teólogos. Estas discussões exploram o modo como os conceitos fundamentais da mecânica quântica, como a sobreposição e o efeito do observador, ressoam com vários conceitos filosóficos e espirituais sobre a realidade. Este envolvimento interdisciplinar enriquece as tradições científicas e filosóficas, proporcionando uma compreensão mais profunda e matizada das percepções de cada área sobre as questões fundamentais relativas ao universo e ao nosso lugar nele.

Perspectivas futuras: medida que as tecnologias quânticas continuam a desenvolver-se, é provável que o interesse e a compreensão da mecânica quântica pelo público se aprofundem. Os sistemas educativos poderão incorporar cada vez mais conceitos quânticos em fases mais precoces, promovendo uma literacia científica mais sofisticada entre as gerações futuras. Além disso, os avanços em curso na computação quântica e noutras aplicações podem trazer os princípios abstractos da mecânica quântica para quadros mais práticos e observáveis, influenciando ainda mais a perceção e a aceitação das teorias quânticas por parte do público.

Conclusão: A experiência da dupla fenda serviu como ilustração fundamental dos princípios contra-intuitivos da mecânica quântica, tendo impacto nas filosofias pessoais e alargando a compreensão da ciência por parte do público. O seu papel no desafio às nossas visões da realidade exemplifica a profunda influência que as descobertas científicas fundamentais podem ter para além dos limites dos laboratórios e das revistas académicas, afectando perspectivas culturais e filosóficas mais amplas. Este estudo de caso sublinha a importância da comunicação científica na formação de opiniões sociais e destaca o potencial das descobertas científicas para transcenderem os seus contextos originais, influenciando vários aspectos do pensamento humano e da sociedade.

Análise do Estudo de Caso 7: Stephen Hawking e o Paradoxo da Informação do Buraco Negro

Introdução: A investigação pioneira de Stephen Hawking sobre buracos negros e a subsequente formulação do paradoxo da informação representam um momento crucial na física teórica. Este trabalho não só aprofundou a nossa compreensão dos sistemas gravitacionais, como também colocou questões profundas sobre a natureza fundamental da informação e da própria realidade.

Transformação pessoal: O envolvimento de Hawking com as complexidades dos buracos negros moldou significativamente a sua perspetiva filosófica e científica. A confrontação com o paradoxo da informação - como a informação pode aparentemente desaparecer num buraco negro, contradizendo as leis da mecânica quântica - levou Hawking a reconsiderar e a aperfeiçoar as suas ideias sobre o universo. Este percurso intelectual evidenciou a sua resiliência e capacidade de adaptação, características que se reflectiram na sua vida pessoal, em que lidou com a esclerose lateral amiotrófica (ELA). A sua doença não impediu os seus esforços científicos; pelo contrário, pareceu alimentar a sua curiosidade e determinação em descodificar os segredos do universo. A sua narrativa pessoal e as suas realizações científicas inspiraram as suas reflexões filosóficas mais alargadas sobre o potencial humano, a resiliência e a busca do conhecimento.

Implicações colectivas: O trabalho de Hawking e a sua capacidade carismática de comunicar ideias científicas complexas influenciaram profundamente tanto o mundo académico como a cultura popular. As suas teorias sobre buracos negros e o subsequente efeito de radiação que recebeu o seu nome (radiação Hawking) revolucionaram a nossa compreensão destes fenómenos celestes. Fora do mundo académico, Hawking tornou-se um ícone cultural, simbolizando o poder do intelecto e da curiosidade humana contra todas as adversidades. Os seus livros, como "Uma Breve História do Tempo", e palestras públicas tornaram os conceitos científicos esotéricos acessíveis e fascinantes para um público global. Isto não só fomentou um fascínio coletivo pela cosmologia, como também teve um impacto significativo nos conteúdos educativos, na comunicação científica e no interesse do público pela física e pelo cosmos.

Ligar as disciplinas: O trabalho de Hawking sobre os buracos negros e o paradoxo da informação também incentivou o diálogo interdisciplinar entre físicos, filósofos e teóricos da informação. As implicações filosóficas das suas teorias - em particular as questões sobre a preservação e transformação da informação - repercutem-se em vários domínios, influenciando os debates sobre a natureza da realidade e os limites do conhecimento científico. Este diálogo ajuda a aperfeiçoar modelos teóricos e estimula a investigação filosófica, sublinhando a profunda interligação de todos os domínios do esforço intelectual.

Perspectivas futuras: Os debates em curso e a investigação inspirada pelos contributos de Hawking sugerem que o campo da física teórica continuará a evoluir, particularmente na compreensão dos buracos negros, da gravidade quântica e da unificação das forças fundamentais. As futuras explorações nestas áreas poderão iluminar ainda mais a natureza do universo, conduzindo potencialmente a novas tecnologias baseadas na investigação quântica e gravitacional. Além disso, é provável que o legado de Hawking continue a inspirar as futuras gerações de cientistas a dedicarem-se à física teórica e experimental, fazendo avançar as fronteiras do conhecimento.

Conclusão: A exploração de Stephen Hawking dos buracos negros e do paradoxo da informação exemplifica a forma como a investigação científica pode transcender as fronteiras do mundo académico, influenciando as visões filosóficas pessoais e a compreensão do público em geral. O seu legado é um testemunho do poder transformador da investigação científica, não só para fazer avançar o conhecimento, mas também para enriquecer a experiência humana com uma apreciação mais profunda dos mistérios do universo. Este estudo de caso realça a interação dinâmica entre o crescimento intelectual individual e o desenvolvimento cultural coletivo, impulsionado pelo pensamento científico pioneiro.

Relato pessoal: O físico como filósofo

Introdução: Os contributos de Albert Einstein para a física são monumentais, reformulando fundamentalmente a nossa compreensão do espaço, do tempo e da gravidade através das suas teorias da relatividade. No entanto, para além dos seus feitos científicos, Einstein também se envolveu profundamente com questões filosóficas e espirituais, reflectindo sobre as implicações das suas descobertas para preocupações existenciais mais vastas. Este duplo empenhamento fez dele não só um físico revolucionário, mas também um filósofo que contemplava os mistérios mais profundos do universo.

Transformação pessoal: A viagem de Einstein através do desenvolvimento da teoria da relatividade influenciou profundamente os seus pontos de vista filosóficos. Falava frequentemente da experiência de uma forma de "sentimento religioso cósmico" nas suas actividades científicas, em que a procura da compreensão das leis da natureza era semelhante a uma busca espiritual. Esta admiração e reverência pelo universo influenciaram o seu pensamento e os seus escritos, sugerindo uma ligação profunda entre os seus conhecimentos científicos e a sua visão espiritual e filosófica do mundo. A sua famosa frase "A ciência sem religião é coxa, a religião sem ciência é cega" resume a sua abordagem à interação entre estes dois domínios, mostrando como as suas descobertas científicas influenciaram as suas reflexões filosóficas sobre ética, liberdade e destino humano.

Implicações colectivas: As reflexões filosóficas de Einstein tiveram implicações significativas em contextos sociais e culturais mais alargados. As suas reflexões sobre a paz, a ética e o futuro da humanidade tiveram grande repercussão, influenciando o discurso público sobre estas questões críticas. O seu estatuto de cientista de renome conferiu um peso significativo aos seus avisos sobre os perigos das armas nucleares e à sua defesa da paz e das liberdades civis. Os seus pensamentos encorajaram outros a pensar criticamente sobre as implicações éticas dos avanços científicos e as responsabilidades dos cientistas e dos cidadãos na formação de uma sociedade humana.

Ligar as disciplinas: O trabalho de Einstein exemplifica a sobreposição produtiva entre a física e a filosofia, mostrando como a investigação científica pode levar à exploração filosófica. A sua capacidade de discutir ideias científicas complexas juntamente com questões éticas e existenciais fomentou um diálogo entre as comunidades científica e filosófica, melhorando a compreensão interdisciplinar de cada uma delas. Esta ligação entre disciplinas encorajou uma abordagem mais holística do conhecimento, em que as descobertas científicas não são vistas isoladamente, mas como parte de uma investigação mais alargada sobre a natureza da realidade e da existência humana.

Perspectivas futuras: O legado de pensadores como Einstein sugere que a integração do conhecimento científico e da reflexão filosófica continua a ser um terreno fértil para o avanço intelectual e cultural. À medida que a física contemporânea continua a explorar conceitos como a mecânica quântica, a cosmologia e a natureza do tempo, as implicações filosóficas destas áreas são susceptíveis de provocar uma reflexão e um debate profundos, conduzindo potencialmente a novos quadros éticos e a uma maior compreensão do nosso lugar no universo.

Conclusão: O papel de Albert Einstein como físico e filósofo realça as profundas interligações entre a exploração científica e a investigação filosófica. A sua viagem pessoal através dos domínios da relatividade e para além dos territórios filosóficos ilustra o profundo impacto que esse duplo envolvimento pode ter tanto no indivíduo como na sociedade. Estas reflexões não só enriquecem a nossa compreensão da ciência, como também aumentam o nosso apreço pelas questões existenciais e éticas mais vastas que definem a condição humana. Ao continuar a explorar estas intersecções, podemos esperar promover uma abordagem mais ponderada e harmoniosa dos desafios e mistérios da vida.

Conclusão

Resumo das principais percepções

A intersecção entre a física da relatividade e a espiritualidade humana representa uma exploração profunda da forma como conceitos científicos profundos influenciam e reflectem os nossos entendimentos e experiências espirituais. As teorias da relatividade de Albert Einstein - especial e geral - revolucionaram a nossa compreensão do tempo, do espaço e da gravidade. Estas teorias desafiam e expandem as nossas percepções da realidade, tal como acontece com as experiências espirituais. A relatividade especial, com os seus conhecimentos sobre a natureza relativa do tempo e do espaço, dependente da velocidade do observador, sugere um universo muito menos absoluto e muito mais interligado do que se pensava anteriormente. Isto tem paralelos metafóricos na espiritualidade, onde a experiência e a perceção da realidade podem diferir muito com base na consciência individual e no contexto.

A relatividade geral complica ainda mais esta situação ao descrever a gravidade como a deformação do espaço-tempo pela massa e pela energia, implicando um cosmos dinâmico e em constante mudança - um conceito que pode ser espiritualmente espelhado na ideia de que as acções e intenções podem influenciar e moldar o tecido das nossas realidades pessoais e colectivas. Estas ideias estão em sintonia com muitas tradições espirituais que enfatizam a interconectividade de toda a vida e do universo, sugerindo que as nossas vidas interiores têm um impacto profundo no mundo exterior.

O diálogo entre a relatividade e a espiritualidade também enriquece a discussão em torno do determinismo e do livre arbítrio. A relatividade apresenta um universo que obedece a leis matemáticas precisas, mas que é observado de forma diferente consoante o quadro de referência de cada um. Esta dualidade pode ser comparada com as visões espirituais que defendem a existência de uma ordem divina ou de um destino, mas que simultaneamente defendem o papel essencial do livre arbítrio e da responsabilidade pessoal.

Além disso, o conceito de dilatação do tempo na relatividade - em que o tempo pode fluir a ritmos diferentes em todo o universo - ecoa os ensinamentos espirituais sobre a natureza ilusória do tempo e a ênfase no eterno presente. Muitas tradições espirituais ensinam a atenção plena e a importância de viver o momento, um conceito que encontra um estranho tipo de parentesco com as revelações da relatividade sobre a dilatação do tempo.

Em última análise, a combinação da relatividade com a espiritualidade leva-nos a contemplar um universo rico em mistérios, onde a ciência e o espírito não são oponentes, mas perspectivas complementares que enriquecem a nossa busca de compreensão. À medida que a ciência ultrapassa os limites do que sabemos sobre o universo, a espiritualidade convida-nos a integrar estas revelações de forma significativa, influenciando a forma como vivemos, como nos relacionamos uns com os outros e como percebemos o nosso lugar no cosmos. Esta exploração encoraja uma visão do mundo em que coexistem experiências profundamente pessoais e conhecimento empírico, cada um informando e melhorando o outro na nossa viagem contínua em direção à sabedoria e à iluminação.

Desta forma, a física da relatividade não só expande a nossa compreensão do universo, como também aprofunda as nossas vidas espirituais, sugerindo que a nossa procura de conhecimento e a nossa procura de significado estão profundamente interligadas. Esta intersecção convida a um diálogo contínuo, que é vital para uma visão holística da nossa existência e para a nossa evolução contínua como seres intelectuais e espirituais.

O futuro da integração da ciência e da espiritualidade

A integração da ciência e da espiritualidade representa um esforço complexo, mas profundamente enriquecedor, que promete expandir a nossa compreensão do universo e da existência humana. Esta integração sugere um futuro em que as perspectivas holísticas sobre a vida, a natureza e o cosmos poderão tornar-se a norma, e não a exceção.

A história da investigação humana revela uma unidade inicial entre o pensamento científico e o espiritual, visível nas civilizações antigas, onde os mesmos indivíduos desempenhavam frequentemente as funções de sacerdote, astrónomo e médico. O Iluminismo marcou uma mudança definitiva para a especialização e a segregação de disciplinas, levando à dicotomia ciência e espiritualidade que reconhecemos hoje. No entanto, nos tempos actuais, há um movimento crescente no sentido da reintegração destes campos, motivado pelas limitações que cada um enfrenta quando trabalha isoladamente.

A ciência, caracterizada pela sua abordagem empírica, procura a objetividade e a reprodutibilidade. Destaca-se por dissecar complexidades em partes compreensíveis, revelando o funcionamento da realidade física através da observação, da experimentação e da descrição matemática. A espiritualidade, por outro lado, lida com a experiência humana, a ética e questões de significado e objetivo. Abrange frequentemente aspectos da existência que não são tão facilmente quantificáveis ou observáveis, incluindo a consciência, o livre arbítrio e a noção do divino.

O diálogo entre estes domínios não é meramente académico; tem implicações práticas para a tecnologia, os cuidados de saúde, a política ambiental e muito mais. Por exemplo, a neurologia e a psicologia reconhecem cada vez mais o impacto das práticas espirituais, como a meditação, no funcionamento do cérebro e na saúde mental. Este facto levou a uma maior aceitação e integração dessas práticas em contextos terapêuticos. Na ciência ambiental, o conceito espiritual de interconexão encoraja abordagens holísticas e sustentáveis à conservação, enfatizando as implicações éticas da atividade humana no planeta.

Para além disso, a física teórica, particularmente em áreas como a mecânica quântica e a cosmologia, depara-se frequentemente com questões que se aproximam da metafísica. Conceitos como o emaranhamento, a sobreposição e a natureza do início do universo provocam discussões que ressoam com ideias espirituais sobre a unidade e a natureza interligada da existência. Estes paralelismos não implicam que a ciência valide as verdades espirituais ou vice-versa, mas sim que ambas podem contribuir para uma compreensão mais completa de tais fenómenos.

No futuro, poderemos assistir a uma abordagem interdisciplinar mais acentuada nas instituições de ensino e de investigação. Isto poderá envolver currículos que integrem perspectivas éticas, espirituais e filosóficas com formação científica, encorajando pensadores que sejam não só tecnicamente competentes mas também filosófica e eticamente informados. Este tipo de educação poderia produzir indivíduos capazes de enfrentar desafios globais complexos de forma holística.

No entanto, a integração da ciência e da espiritualidade não está isenta de desafios. O ceticismo permanece de ambos os lados - cientistas cautelosos em diluir o rigor empírico com conceitos espirituais não testáveis, e adeptos espirituais cautelosos em reduzir experiências ricas e subjectivas a meros processos bioquímicos ou neurológicos. A chave para ultrapassar estes obstáculos reside num diálogo respeitoso e num reconhecimento partilhado dos limites e pontos fortes de cada domínio. O estabelecimento de pontos comuns - como a procura de uma compreensão mais profunda da vida e o empenhamento em melhorar o bem-estar humano - pode fomentar a colaboração.

Este futuro depende da capacidade dos cientistas e dos pensadores espirituais para se manterem abertos e curiosos. Requer estruturas que facilitem o trabalho interdisciplinar em vez de o frustrarem, organismos de financiamento dispostos a apoiar esses esforços e um público que valorize tanto o conhecimento empírico como a sabedoria espiritual.

À medida que esta integração se aprofunda, promete não só avanços no conhecimento e na tecnologia, mas também uma abordagem mais compassiva e sustentável da gestão dos assuntos humanos e dos recursos da Terra. Prevê um mundo em que o material e o espiritual não são vistos como opostos, mas como facetas complementares de uma realidade coerente, cada um melhorando a compreensão do outro, proporcionando em conjunto uma visão mais rica e matizada da existência. Esta síntese pode ser a chave para a resolução dos nossos problemas globais mais prementes e para a promoção de um mundo mais inclusivo, pacífico e sustentável.

Reflexões finais

As perspectivas são simultaneamente excitantes e essenciais para uma compreensão holística da experiência humana e do universo em geral. O diálogo contínuo entre estes dois domínios promete enriquecer as nossas perspectivas, desafiar os nossos pressupostos e encorajar uma compreensão mais matizada dos aspectos materiais e metafísicos da vida.

A ciência, com as suas metodologias rigorosas e o seu escrutínio empírico, continua a iluminar as realidades estruturais e funcionais do universo, desde a vastidão dos fenómenos cósmicos até às complexidades da biologia humana. Entretanto, a espiritualidade oferece uma profunda profundidade de experiência interior e interpretação existencial, fornecendo significado, objetivo e orientação ética. A ligação entre estes campos convida a uma abordagem equilibrada em que a evidência empírica e a transcendência pessoal coexistem, permitindo uma experiência humana mais completa.

Esta convergência não é meramente académica, mas profundamente prática. À medida que enfrentamos desafios globais como a degradação ambiental, a desigualdade social e as ameaças existenciais da tecnologia e de outros riscos provocados pelo homem, uma abordagem unificada poderia oferecer soluções não só eficazes mas também sensatas. A incorporação de valores espirituais como a compaixão, a gestão e o respeito pela vida na investigação científica e no desenvolvimento tecnológico pode guiar-nos para um progresso mais sustentável e equitativo.

Ao promover esta integração, os sistemas educativos, as instituições de investigação e as estruturas políticas desempenham papéis fundamentais. Estas estruturas podem facilitar estudos interdisciplinares, apoiar projectos de colaboração e encorajar diálogos comunitários que respeitem e incorporem tanto os conhecimentos científicos como a sabedoria espiritual.

Em última análise, a viagem em direção a uma integração harmoniosa da ciência e da espiritualidade é contínua. Exige humildade, abertura e o reconhecimento de que a nossa busca de conhecimento e significado é um esforço humano partilhado. À medida que avançamos, a manutenção de um diálogo que respeite tanto as verdades empíricas como as percepções espirituais será crucial para a criação de um futuro que abrace a complexidade e a beleza dos aspectos visíveis e invisíveis da nossa existência.

Glossário

1. Relatividade: Uma teoria da física desenvolvida por Albert Einstein, que consiste na teoria da relatividade especial e na teoria da relatividade geral. Revolucionou a nossa compreensão do espaço, do tempo e da gravidade, propondo que o espaço e o tempo estão interligados num único continuum conhecido como espaço-tempo.

2. Espiritualidade: Um conceito amplo com espaço para muitas perspectivas, geralmente envolvendo um sentido de ligação a algo maior do que nós próprios, que pode envolver uma procura de significado na vida. Está frequentemente ligado à procura de crescimento pessoal, a uma sensação de paz e a uma compreensão da própria vida interior.

3. Espaço-tempo: Na teoria da relatividade, o espaço-tempo é um continuum de quatro dimensões onde todos os acontecimentos físicos têm lugar. As três dimensões do espaço e a dimensão do tempo estão fundidas, de modo que os efeitos do movimento e da gravidade na perceção do tempo e do espaço estão inter-relacionados.

4. Iluminação: Um estado frequentemente discutido em contextos espirituais, referindo-se à compreensão total de uma situação ou verdades. Em muitas tradições religiosas, a iluminação é considerada um estado final de perceção, conhecimento ou compreensão que transcende a existência terrena ou material.

5. Energia: Em física, a capacidade de efetuar trabalho. A energia existe em várias formas, incluindo cinética, potencial, térmica, gravitacional, sonora, luminosa, elástica e electromagnética. Em contextos espirituais, a energia é frequentemente vista como uma força dentro dos seres vivos que pode ser aproveitada para curar, para actividades psíquicas ou como a força vital (por exemplo, chi, prana).

6. Mecânica Quântica: Uma teoria fundamental da física que fornece uma descrição das propriedades físicas da natureza à escala dos átomos e das partículas subatómicas. A mecânica quântica introduz conceitos como a incerteza e o emaranhamento, que têm paralelos interessantes nas experiências místicas e espirituais.

7. Karma: Um termo encontrado em várias religiões orientais que explica uma relação de causa e efeito em que a intenção e as acções de um indivíduo influenciam o futuro desse indivíduo. Este conceito destaca uma forma espiritual de causalidade que se relaciona com os comportamentos morais e as suas consequências.

8. Singularidade: Na física, particularmente no contexto dos buracos negros, um ponto no espaço-tempo no qual as forças gravitacionais fazem com que a matéria tenha densidade infinita e volume zero. Na espiritualidade, o termo pode referir-se metaforicamente a momentos de profunda revelação ou verdade que são singularmente transformadores.

9. Consciência: Frequentemente discutida, tanto em contextos psicológicos como espirituais, como o estado ou a qualidade da consciência, estando ciente de um objeto externo ou de algo dentro de si próprio. No discurso espiritual, a consciência pode ser explorada como uma qualidade expansiva ou universal, interligada com todos os seres.

10. Dualidade: O conceito de dualidade pode referir-se ao contraste entre dois conceitos opostos, como a luz e a escuridão, o bem e o mal. Na física, pode referir-se a propriedades como a dualidade onda-partícula. Na física, pode referir-se a propriedades como a dualidade onda-partícula. Na espiritualidade, ultrapassar a dualidade refere-se a transcender esta dicotomia para alcançar um estado unificado de compreensão ou de ser.

Referências

1. Einstein, Albert. Relatividade: A Teoria Especial e a Teoria Geral.
2. Capra, Fritjof. O Tao da Física: An Exploration of the Parallels Between Modern Physics and Eastern Mysticism [O Tao da Física: Uma Exploração dos Paralelos entre a Física Moderna e o Misticismo Oriental].
3. Zukav, Gary. Os Mestres Dançantes de Wu Li: Uma visão geral da nova física.
4. Greene, Brian. The Elegant Universe: Superstrings, Hidden Dimensions, and the Quest for the Ultimate Theory.
5. Hawking, Stephen. Uma Breve História do Tempo.
6. Penrose, Roger. The Road to Reality: Um Guia Completo para as Leis do Universo.
7. Talbot, Michael. O Universo Holográfico.
8. Wilber, Ken. Quantum Questions: Mystical Writings of the World's Great Physicists (Escritos místicos dos grandes físicos do mundo).
9. Smolin, Lee. Três caminhos para a gravidade quântica.
10. Kafatos, Menas, e Robert Nadeau. O Universo Consciente: Parts and Wholes in Physical Reality (Partes e Todo na Realidade Física).
11. Barbour, Julian. The End of Time: The Next Revolution in Physics.
12. Davies, Paul. About Time: Einstein's Unfinished Revolution" [Sobre o Tempo: A Revolução Inacabada de Einstein].
13. Laszlo, Ervin. A Ciência e o Campo Akáshico: Uma Teoria Integral de Tudo.
14. Wheeler, John Archibald. Geons, Black Holes, and Quantum Foam: A Life in Physics.
15. Hanh, Thich Nhat. A Arte do Poder.
16. Murphy, Michael, e Rhea A. White. The Psychic Side of Sports [O Lado Psíquico do Desporto].
17. Bohm, David. Wholeness and the Implicate Order.
18. Goswami, Amit. O Universo Autoconsciente.
19. Radin, Dean. Entangled Minds: Experiências Extrasensoriais numa Realidade Quântica.
20. Wolf, Fred Alan. O Universo Espiritual: Como a física quântica prova a existência da alma.
21. Einstein, Albert. Relatividade: A Teoria Especial e a Teoria Geral.
22. Capra, Fritjof. O Tao da Física: An Exploration of the Parallels Between Modern Physics and Eastern Mysticism [O Tao da Física: Uma Exploração dos Paralelos entre a Física Moderna e o Misticismo

Oriental].

23. Zukav, Gary. Os Mestres Dançantes de Wu Li: Uma visão geral da nova física.

24. Greene, Brian. The Elegant Universe: Superstrings, Hidden Dimensions, and the Quest for the Ultimate Theory.

25. Hawking, Stephen. Uma Breve História do Tempo.

26. Penrose, Roger. The Road to Reality: Um Guia Completo para as Leis do Universo.

27. Talbot, Michael. O Universo Holográfico.

28. Wilber, Ken. Quantum Questions: Mystical Writings of the World's Great Physicists (Escritos místicos dos grandes físicos do mundo).

29. Smolin, Lee. Três caminhos para a gravidade quântica.

30. Kafatos, Menas, e Robert Nadeau. O Universo Consciente: Parts and Wholes in Physical Reality (Partes e Todo na Realidade Física).

31. Barbour, Julian. The End of Time: The Next Revolution in Physics (O Fim do Tempo: A Próxima Revolução na Física).

32. Davies, Paul. About Time: Einstein's Unfinished Revolution (Sobre o Tempo: A Revolução Inacabada de Einstein).

33. Laszlo, Ervin. A Ciência e o Campo Akáshico: Uma Teoria Integral de Tudo.

34. Wheeler, John Archibald. Geons, Black Holes, and Quantum Foam: A Life in Physics.

35. Hanh, Thich Nhat. A Arte do Poder.

36. Murphy, Michael, e Rhea A. White. The Psychic Side of Sports [O Lado Psíquico do Desporto].

37. Bohm, David. Wholeness and the Implicate Order.

38. Goswami, Amit. O Universo Autoconsciente.

39. Radin, Dean. Entangled Minds: Experiências Extrasensoriais numa Realidade Quântica.

40. Wolf, Fred Alan. O Universo Espiritual: Como a física quântica prova a existência da alma.

41. O Bhagavad Gita (no que diz respeito aos conceitos de unidade e à natureza da realidade)

42. O Tao Te Ching de Laozi (ideias filosóficas sobre a natureza da realidade e da existência)

43. Os Upanishads (vários textos que exploram a natureza da consciência e da realidade)

44. O Dhammapada (ensinamentos budistas relacionados com a atenção plena e a consciência)

45. A Bíblia (passagens relativas à natureza do tempo e da existência, como o Eclesiastes e os Salmos)

46. Rumi, Jalaluddin. O Essencial de Rumi.

47. Tolle, Eckhart. O Poder do Agora: Um Guia para a Iluminação Espiritual.

48. Yogananda, Paramahansa. Autobiografia de um Iogue.

49. Krishnamurti, Jiddu. Liberdade do Conhecido.

50. Watts, Alan. O Livro: On the Taboo Against Knowing Who You Are.

51. O Bhagavad Gita (no que diz respeito aos conceitos de unidade e à natureza da realidade)

52. O Tao Te Ching de Laozi (ideias filosóficas sobre a natureza da realidade e da existência)

53. Os Upanishads (vários textos que exploram a natureza da consciência e da realidade)

54. O Dhammapada (ensinamentos budistas relacionados com a atenção plena e a consciência)

55. A Bíblia (passagens relativas à natureza do tempo e da existência, como o Eclesiastes e os Salmos)

56. Rumi, Jalaluddin. O Essencial de Rumi.

57. Tolle, Eckhart. O Poder do Agora: Um Guia para a Iluminação Espiritual.

58. Yogananda, Paramahansa. Autobiografia de um Iogue.

59. Krishnamurti, Jiddu. Liberdade do Conhecido.

60. Watts, Alan. O Livro: On the Taboo Against Knowing Who You Are.

61. O Bhagavad Gita (no que diz respeito aos conceitos de unidade e à natureza da realidade)

62. O Tao Te Ching de Laozi (ideias filosóficas sobre a natureza da realidade e da existência)

63. Os Upanishads (vários textos que exploram a natureza da consciência e da realidade)

64. O Dhammapada (ensinamentos budistas relacionados com a atenção plena e a consciência)

65. A Bíblia (passagens relativas à natureza do tempo e da existência, como o Eclesiastes e os Salmos)

66. Rumi, Jalaluddin. O Essencial de Rumi.

67. Tolle, Eckhart. O Poder do Agora: Um Guia para a Iluminação Espiritual.

68. Yogananda, Paramahansa. Autobiografia de um Iogue.

69. Krishnamurti, Jiddu. Liberdade do Conhecido.

70. Watts, Alan. O Livro: On the Taboo Against Knowing Who You Are.

71. O Bhagavad Gita (no que diz respeito aos conceitos de unidade e à natureza da realidade)

72. O Tao Te Ching de Laozi (ideias filosóficas sobre a natureza da realidade e da existência)

73. Os Upanishads (vários textos que exploram a natureza da consciência e da realidade)

74. O Dhammapada (ensinamentos budistas relacionados com a atenção plena e a consciência)

75. A Bíblia (passagens relativas à natureza do tempo e da existência, como o Eclesiastes e os Salmos)

76. Rumi, Jalaluddin. O Essencial de Rumi.

77. Tolle, Eckhart. O Poder do Agora: Um Guia para a Iluminação Espiritual.

78. Yogananda, Paramahansa. Autobiografia de um Iogue.

79. Krishnamurti, Jiddu. Liberdade do Conhecido.

80. Watts, Alan. O Livro: On the Taboo Against Knowing Who You Are.

81. O Bhagavad Gita (no que diz respeito aos conceitos de unidade e à natureza da realidade)

82. O Tao Te Ching de Laozi (ideias filosóficas sobre a natureza da realidade e da existência)

83. Os Upanishads (vários textos que exploram a natureza da consciência e da realidade)

84. O Dhammapada (ensinamentos budistas relacionados com a atenção plena e a consciência)

85. A Bíblia (passagens relativas à natureza do tempo e da existência, como o Eclesiastes e os Salmos)

86. Rumi, Jalaluddin. O Essencial de Rumi.

87. Tolle, Eckhart. O Poder do Agora: Um Guia para a Iluminação Espiritual.

88. Yogananda, Paramahansa. Autobiografia de um Iogue.

89. Krishnamurti, Jiddu. Liberdade do Conhecido.

90. Watts, Alan. O Livro: On the Taboo Against Knowing Who You Are.

91. O Bhagavad Gita (no que diz respeito aos conceitos de unidade e à natureza da realidade)

92. O Tao Te Ching de Laozi (ideias filosóficas sobre a natureza da realidade e da existência)

93. Os Upanishads (vários textos que exploram a natureza da consciência e da realidade)

94. O Dhammapada (ensinamentos budistas relacionados com a atenção plena e a consciência)
95. A Bíblia (passagens relativas à natureza do tempo e da existência, como o Eclesiastes e os Salmos)
96. Rumi, Jalaluddin. O Essencial de Rumi.
97. Tolle, Eckhart. O Poder do Agora: Um Guia para a Iluminação Espiritual.
98. Yogananda, Paramahansa. Autobiografia de um Iogue.
99. Krishnamurti, Jiddu. Liberdade do Conhecido.
100. Watts, Alan. O Livro: On the Taboo Against Knowing Who You Are.
101. O Bhagavad Gita (no que diz respeito aos conceitos de unidade e à natureza da realidade)
102. O Tao Te Ching de Laozi (ideias filosóficas sobre a natureza da realidade e da existência)
103. Os Upanishads (vários textos que exploram a natureza da consciência e da realidade)
104. O Dhammapada (ensinamentos budistas relacionados com a atenção plena e a consciência)
105. A Bíblia (passagens relativas à natureza do tempo e da existência, como o Eclesiastes e os Salmos)
106. Rumi, Jalaluddin. O Essencial de Rumi.
107. Tolle, Eckhart. O Poder do Agora: Um Guia para a Iluminação Espiritual.
108. Yogananda, Paramahansa. Autobiografia de um Iogue.
109. Krishnamurti, Jiddu. Liberdade do Conhecido.
110. Watts, Alan. O Livro: On the Taboo Against Knowing Who You Are.
111. O Bhagavad Gita (no que diz respeito aos conceitos de unidade e à natureza da realidade)
112. O Tao Te Ching de Laozi (ideias filosóficas sobre a natureza da realidade e da existência)
113. Os Upanishads (vários textos que exploram a natureza da consciência e da realidade)
114. O Dhammapada (ensinamentos budistas relacionados com a atenção plena e a consciência)
115. A Bíblia (passagens relativas à natureza do tempo e da existência, como o Eclesiastes e os Salmos)
116. Rumi, Jalaluddin. O Essencial de Rumi.

117. Tolle, Eckhart. O Poder do Agora: Um Guia para a Iluminação Espiritual.

118. Yogananda, Paramahansa. Autobiografia de um logue.

119. Krishnamurti, Jiddu. Liberdade do Conhecido.

120. Watts, Alan. O Livro: On the Taboo Against Knowing Who You Are.

121. Einstein, Albert. "Sobre a Eletrodinâmica dos Corpos em Movimento". Annalen der Physik, 1905.

122. Hafele, J.C., e Keating, R.E. "Around-the-World Atomic Clocks: Predicted Relativistic Time Gains". Science, 1972.

123. Bailey, J et al. "Measurements of relativistic time dilation for positive and negative muons in a circular orbit." Nature, 1977.

124. Botermann, B. et al. "Teste de dilatação do tempo usando íons Li + armazenados como relógios em velocidade relativística". Physical Review Letters, 2014.

125. Reinhardt, S. et al. "Test of relativistic time dilation with fast optical atomic clocks at different velocities." Nature Physics, 2007.

126. Chou, C.W., Hume, D.B., Rosenband, T., Wineland, D.J. "Optical Clocks and Relativity". Science, 2010.

127. Einstein, Albert. "Relatividade: A Teoria Especial e Geral". 1916.

128. Redd, N.T. "Time Dilation: Explicando a Teoria da Relatividade de Einstein". Space.com, 2017.

129. Moyer, TD. "Transformação do tempo próprio na Terra para coordenar o tempo no quadro de referência do espaço-tempo baricêntrico do sistema solar". Celestial Mechanics, 1981.

130. Godun, R.M. et al. "Relação de frequência de duas transições de relógio ótico em 171 Yb+ e restrições sobre a variação temporal das constantes fundamentais". Physical Review Letters, 2014.

131. Taylor, Edwin F., e John Archibald Wheeler. "Física do Espaço-Tempo". Freeman, 1992.

132. Greene, Brian. "The Fabric of the Cosmos: Space, Time, and the Texture of Reality". Knopf, 2004.

133. Hawking, Stephen. "Uma Breve História do Tempo". Bantam Dell Publishing Group, 1988. "

134. Geroch, Robert. "General Relativity from A to B". University of Chicago Press, 1978.

135. Rindler, Wolfgang. "Relatividade: Special, General, and Cosmological". Oxford University Press, 2006.

136. D'inverno, Ray. "Introducing Einstein's Relativity". Clarendon Press, 1992.

137. Penrose, Roger. "The Road to Reality: A Complete Guide to the Laws of the Universe". Knopf, 2004.

138. Carroll, Sean M. "Lecture Notes on General Relativity." arXiv:gr- qc/9712019, 1997.

139. Will, Clifford M. "Theory and Experiment in Gravitational Physics". Cambridge University Press, 1993.

140. Pound, R.V., Rebka Jr., G.A. "Gravitational Red-Shift in Nuclear Resonance". Physical Review Letters, 1959.

141. "GPS e Relatividade: Uma visão geral da engenharia". GPS.gov.

142. Ashby, Neil. "Relatividade no Sistema de Posicionamento Global". Living Reviews in Relativity, 2003.

143. Misner, Charles W., Kip S. Thorne, e John Archibald Wheeler. "Gravitation". W. H. Freeman, 1973.

144. Schutz, Bernard. "Um Primeiro Curso de Relatividade Geral". Cambridge University Press, 2009.

145. Wald, Robert M. "General Relativity". University of Chicago Press, 1984.

146. Ohanian, Hans C., e Remo Ruffini. "Gravitação e espaço-tempo". W.W. Norton & Company, 2013.

147. Overbye, Dennis. "Lonely Hearts of the Cosmos". HarperCollins, 1991.

148. Davies, P.C.W. "About Time: Einstein's Unfinished Revolution". Simon & Schuster, 1995.

149. Kaku, Michio. "Hyperspace: A Scientific Odyssey through Parallel Universes, Time Warps, and the Tenth Dimension". Oxford University Press, 1994.

150. Gourgoulhon, Eric. "Relatividade especial em quadros gerais: From Particles to Astrophysics". Springer, 2013.

151. Smolin, Lee. "Three Roads to Quantum Gravity". Basic Books, 2001.

152. Barrow, John D. "As constantes da natureza; de Alfa a Ómega". Pantheon, 2002.

153. Ellis, George F.R., e Ruth M. Williams. "Flat and Curved SpaceTimes." Oxford University Press, 2000.

154. Mould, Richard A. "Basic Relativity". Springer-Verlag, 1994.

155. French, A.P. "Special Relativity." CRC Press, 1968.

156. Misner, Charles W., Kip S. Thorne, e John Archibald Wheeler. "Gravitation". W. H. Freeman, 1973.

157. Wheeler, John Archibald. "A Journey Into Gravity and

Spacetime". Scientific American Library, 1990.

158. Penrose, Roger. "The Road to Reality: A Complete Guide to the Laws of the Universe". Knopf, 2004.

159. Einstein, Albert. "The Meaning of Relativity". Princeton University Press, 1922.

160. Thorne, Kip S. "Buracos Negros e Distorções Temporais: Einstein's Outrageous Legacy". W. W. Norton & Company, 1994.

161. Greene, Brian. "The Elegant Universe: Superstrings, Hidden Dimensions, and the Quest for the Ultimate Theory". W. W. Norton & Company, 1999.

162. Rovelli, Carlo. "A realidade não é o que parece: a jornada para a gravidade quântica". Riverhead Books, 2017.

163. Will, Clifford. "Einstein tinha razão? Putting General Relativity to the Test". Basic Books, 1986.

164. Sternberg, Robert J. "The Psychology of Love". Yale University Press, 1988.

165. Hatfield, Elaine e Susan Sprecher. "Mirror, Mirror: The Importance of Looks in Everyday Life". SUNY Press, 1986.

166. Gottman, John. "Os sete princípios para fazer o casamento funcionar". Crown Publishing Group, 1999.

167. Fisher, Helen. "Why We Love: The Nature and Chemistry of Romantic Love". Henry Holt and Co., 2004.

168. Hendrick, Clyde, e Susan S. Hendrick. "Romantic Love". SAGE Publications, 1992.

169. Lewis, Thomas, Fari Amini e Richard Lannon. "A General Theory of Love". Random House, 2000.

170. Fromm, Erich. "The Art of Loving". Harper & Row, 1956.

171. Johnson, Sue. "Hold Me Tight: Seven Conversations for a Lifetime of Love" [Sete conversas para uma vida inteira de amor]. Little, Brown Spark, 2008.

172. Brown, Brené. "Daring Greatly: How the Courage to Be Vulnerable Transforms the Way We Live, Love, Parent, and Lead." Gotham Books, 2012.

173. Cacioppo, John T., e William Patrick. "Loneliness: Human Nature and the Need for Social Connection". W. W. Norton & Company, 2008.

174. Putnam, Robert D. "Bowling Alone: The Collapse and Revival of American Community". Simon & Schuster, 2000.

175. Goleman, Daniel. "Social Intelligence: The New Science of Human Relationships". Bantam Books, 2006.

176. Granovetter, Mark. "The Strength of Weak Ties" [A força dos

laços fracos]. American Journal of Sociology, 1973.

177. Baumeister, Roy F., e Mark R. Leary. "The Need to Belong: O desejo de vínculos interpessoais como motivação humana fundamental". Psychological Bulletin, 1995.

178. Christakis, Nicholas A., e James H. Fowler. "Connected: The Surprising Power of Our Social Networks and How They Shape Our Lives". Little, Brown and Co, 2009.

179. Fukuyama, Francis. "Trust: The Social Virtues and The Creation of Prosperity". Free Press, 1995.

180. Barrow, John D. "As constantes da natureza; de Alfa a Ómega". Pantheon, 2002.

181. Davies, Paul. "Cosmic Blueprint: New Discoveries in Nature's Creative Ability to Order the Universe". Simon & Schuster, 1988.

182. Capra, Fritjof. "O Tao da Física: Uma Exploração dos Paralelos entre a Física Moderna e o Misticismo Oriental". Publicações Shambhala, 1975.

183. Zukav, Gary. "Os Mestres Dançantes de Wu Li: An Overview of the New Physics". HarperOne, 1979.

184. Wilber, Ken. "Uma breve história de tudo". Publicações Shambhala, 1996.

185. Chopra, Deepak. "Cura Quântica: Exploring the Frontiers of Mind/Body Medicine" (Cura Quântica: Explorando as Fronteiras da Medicina Mente/Corpo). Bantam, 1989.

186. Laszlo, Ervin. "Science and the Reenchantment of the Cosmos: The Rise of the Integral Vision of Reality". Inner Traditions, 2006.

187. Gleiser, Marcelo. "A Ilha do Conhecimento: Os Limites da Ciência e a Busca de Sentido". Basic Books, 2014.

188. Talbot, Michael. "The Holographic Universe". HarperCollins, 1991.

189. Bohm, David. "Wholeness and the Implicate Order". Routledge, 1980.

190. Jahn, Robert, e Brenda Dunne. "Margins of Reality: The Role of Consciousness in the Physical World". Harcourt Brace Jovanovich, 1987.

191. Peat, F. David. "Sincronicidade: The Bridge Between Matter and Mind". Bantam, 1987.

192. Sheldrake, Rupert. "A Presença do Passado: Morphic Resonance and the Memory of Nature". Park Street Press, 1988.

193. McTaggart, Lynne. "O Campo: The Quest for the Secret Force of the Universe". Harper Perennial, 2008.

194. Lipton, Bruce H. "The Biology of Belief: Unleashing the Power of Consciousness, Matter & Miracles". Hay House, 2005.

195. Radin, Dean. "Mentes emaranhadas: Experiências Extrasensoriais numa Realidade Quântica". Paraview Pocket Books, 2006.

196. Misner, Charles W., Kip S. Thorne, e John Archibald Wheeler. "Gravitation". W. H. Freeman, 1973.

197. Wheeler, John Archibald. "A Journey Into Gravity and Spacetime". Scientific American Library, 1990.

198. Penrose, Roger. "The Road to Reality: A Complete Guide to the Laws of the Universe". Knopf, 2004.

199. Einstein, Albert. "The Meaning of Relativity". Princeton University Press, 1922.

200. Thorne, Kip S. "Buracos Negros e Distorções Temporais: Einstein's Outrageous Legacy". W. W. Norton & Company, 1994.

201. Greene, Brian. "The Elegant Universe: Superstrings, Hidden Dimensions, and the Quest for the Ultimate Theory". W. W. Norton & Company, 1999.

202. Rovelli, Carlo. "A realidade não é o que parece: a jornada para a gravidade quântica". Riverhead Books, 2017.

203. Will, Clifford. "Einstein tinha razão? Putting General Relativity to the Test". Basic Books, 1986.

204. O amor (Psicologia e Sociologia)

205. Sternberg, Robert J. "The Psychology of Love". Yale University Press, 1988.

206. Hatfield, Elaine e Susan Sprecher. "Mirror, Mirror: The Importance of Looks in Everyday Life". SUNY Press, 1986.

207. Gottman, John. "Os sete princípios para fazer o casamento funcionar". Crown Publishing Group, 1999.

208. Fisher, Helen. "Why We Love: The Nature and Chemistry of Romantic Love". Henry Holt and Co., 2004.

209. Hendrick, Clyde, e Susan S. Hendrick. "Romantic Love". SAGE Publications, 1992.

210. Lewis, Thomas, Fari Amini e Richard Lannon. "A General Theory of Love". Random House, 2000.

211. Fromm, Erich. "The Art of Loving". Harper & Row, 1956.

212. Johnson, Sue. "Hold Me Tight: Seven Conversations for a Lifetime of Love" [Sete conversas para uma vida inteira de amor]. Little, Brown Spark, 2008.

213. Ligação (ligação humana, relações)

214. Brown, Brené. "Daring Greatly: How the Courage to Be Vulnerable Transforms the Way We Live, Love, Parent, and Lead." Gotham Books, 2012.

215. Cacioppo, John T., e William Patrick. "Loneliness: Human Nature and the Need for Social Connection". W. W. Norton & Company, 2008.

216. Putnam, Robert D. "Bowling Alone: The Collapse and Revival of American Community". Simon & Schuster, 2000.

217. Goleman, Daniel. "Social Intelligence: The New Science of Human Relationships". Bantam Books, 2006.

218. Granovetter, Mark. "The Strength of Weak Ties". American Journal of Sociology, 1973.

219. Baumeister, Roy F., e Mark R. Leary. "The Need to Belong: O desejo de vínculos interpessoais como motivação humana fundamental". Psychological Bulletin, 1995.

220. Christakis, Nicholas A., e James H. Fowler. "Connected: The Surprising Power of Our Social Networks and How They Shape Our Lives". Little, Brown and Co, 2009.

221. Fukuyama, Francis. "Trust: The Social Virtues and The Creation of Prosperity". Free Press, 1995.

222. Trabalhos integrativos sobre relações, física e filosofia

223. Barrow, John D. "As constantes da natureza; de Alfa a Ómega". Pantheon, 2002.

224. Davies, Paul. "Cosmic Blueprint: New Discoveries in Nature's Creative Ability to Order the Universe". Simon & Schuster, 1988.

225. Capra, Fritjof. "O Tao da Física: Uma Exploração dos Paralelos entre a Física Moderna e o Misticismo Oriental". Publicações Shambhala, 1975.

226. Zukav, Gary. "Os Mestres Dançantes de Wu Li: An Overview of the New Physics". HarperOne, 1979.

227. Wilber, Ken. "Uma breve história de tudo". Publicações Shambhala, 1996.

228. Chopra, Deepak. "Cura Quântica: Exploring the Frontiers of Mind/Body Medicine" (Cura Quântica: Explorando as Fronteiras da Medicina Mente/Corpo). Bantam, 1989.

229. Laszlo, Ervin. "Science and the Reenchantment of the Cosmos: The Rise of the Integral Vision of Reality". Inner Traditions, 2006.

230. Gleiser, Marcelo. "A Ilha do Conhecimento: Os Limites da Ciência e a Busca de Sentido". Basic Books, 2014.

231. Fontes adicionais

232. Talbot, Michael. "The Holographic Universe". HarperCollins, 1991.

233. Bohm, David. "Wholeness and the Implicate Order". Routledge, 1980.

234. Jahn, Robert, e Brenda Dunne. "Margins of Reality: The Role of Consciousness in the Physical World". Harcourt Brace Jovanovich, 1987.

235. Peat, F. David. "Sincronicidade: The Bridge Between Matter and Mind". Bantam, 1987.

236. Sheldrake, Rupert. "A Presença do Passado: Morphic Resonance and the Memory of Nature". Park Street Press, 1988.

237. McTaggart, Lynne. "O Campo: The Quest for the Secret Force of the Universe". Harper Perennial, 2008.

238. Lipton, Bruce H. "The Biology of Belief: Unleashing the Power of Consciousness, Matter & Miracles". Hay House, 2005.

239. Radin, Dean. "Mentes emaranhadas: Experiências Extrasensoriais numa Realidade Quântica". Paraview Pocket Books, 2006.

240. Misner, Charles W., Kip S. Thorne, e John Archibald Wheeler. "Gravitation". W. H. Freeman, 1973.

241. Wheeler, John Archibald. "A Journey Into Gravity and Spacetime". Scientific American Library, 1990.

242. Penrose, Roger. "The Road to Reality: A Complete Guide to the Laws of the Universe". Knopf, 2004.

243. Einstein, Albert. "The Meaning of Relativity". Princeton University Press, 1922.

244. Thorne, Kip S. "Buracos Negros e Distorções Temporais: Einstein's Outrageous Legacy". W. W. Norton & Company, 1994.

245. Greene, Brian. "The Elegant Universe: Superstrings, Hidden Dimensions, and the Quest for the Ultimate Theory". W. W. Norton & Company, 1999.

246. Rovelli, Carlo. "A realidade não é o que parece: a jornada para a gravidade quântica". Riverhead Books, 2017.

247. Will, Clifford. "Einstein tinha razão? Putting General Relativity to the Test". Basic Books, 1986.

248. O amor (Psicologia e Sociologia)

249. Sternberg, Robert J. "The Psychology of Love". Yale University Press, 1988.

250. Hatfield, Elaine e Susan Sprecher. "Mirror, Mirror: The Importance of Looks in Everyday Life". SUNY Press, 1986.

251. Gottman, John. "Os sete princípios para fazer o casamento

funcionar". Crown Publishing Group, 1999.

252. Fisher, Helen. "Why We Love: The Nature and Chemistry of Romantic Love". Henry Holt and Co., 2004.

253. Hendrick, Clyde, e Susan S. Hendrick. "Romantic Love". SAGE Publications, 1992.

254. Lewis, Thomas, Fari Amini e Richard Lannon. "A General Theory of Love". Random House, 2000.

255. Fromm, Erich. "The Art of Loving". Harper & Row, 1956.

256. Johnson, Sue. "Hold Me Tight: Seven Conversations for a Lifetime of Love" [Sete conversas para uma vida inteira de amor]. Little, Brown Spark, 2008.

257. Ligação (ligação humana, relações)

258. Brown, Brené. "Daring Greatly: How the Courage to Be Vulnerable Transforms the Way We Live, Love, Parent, and Lead." Gotham Books, 2012.

259. Cacioppo, John T., e William Patrick. "Loneliness: Human Nature and the Need for Social Connection". W. W. Norton & Company, 2008.

260. Putnam, Robert D. "Bowling Alone: The Collapse and Revival of American Community". Simon & Schuster, 2000.

261. Goleman, Daniel. "Social Intelligence: The New Science of Human Relationships". Bantam Books, 2006.

262. Granovetter, Mark. "The Strength of Weak Ties". American Journal of Sociology, 1973.

263. Baumeister, Roy F., e Mark R. Leary. "The Need to Belong: O desejo de vínculos interpessoais como motivação humana fundamental". Psychological Bulletin, 1995.

264. Christakis, Nicholas A., e James H. Fowler. "Connected: The Surprising Power of Our Social Networks and How They Shape Our Lives". Little, Brown and Co, 2009.

265. Fukuyama, Francis. "Trust: The Social Virtues and The Creation of Prosperity". Free Press, 1995.

266. Trabalhos integrativos sobre relações, física e filosofia

267. Barrow, John D. "As constantes da natureza; de Alfa a Ómega". Pantheon, 2002.

268. Davies, Paul. "Cosmic Blueprint: New Discoveries in Nature's Creative Ability to Order the Universe". Simon & Schuster, 1988.

269. Capra, Fritjof. "O Tao da Física: Uma Exploração dos Paralelos entre a Física Moderna e o Misticismo Oriental". Publicações Shambhala, 1975.

270. Zukav, Gary. "Os Mestres Dançantes de Wu Li: An Overview

of the New Physics". HarperOne, 1979.

271. Wilber, Ken. "Uma breve história de tudo". Publicações Shambhala, 1996.

272. Chopra, Deepak. "Cura Quântica: Exploring the Frontiers of Mind/Body Medicine" (Cura Quântica: Explorando as Fronteiras da Medicina Mente/Corpo). Bantam, 1989.

273. Laszlo, Ervin. "Science and the Reenchantment of the Cosmos: The Rise of the Integral Vision of Reality". Inner Traditions, 2006.

274. Gleiser, Marcelo. "A Ilha do Conhecimento: Os Limites da Ciência e a Busca de Sentido". Basic Books, 2014.

275. Fontes adicionais

276. Talbot, Michael. "The Holographic Universe". HarperCollins, 1991.

277. Bohm, David. "Wholeness and the Implicate Order". Routledge, 1980.

278. Jahn, Robert, e Brenda Dunne. "Margins of Reality: The Role of Consciousness in the Physical World". Harcourt Brace Jovanovich, 1987.

279. Peat, F. David. "Sincronicidade: The Bridge Between Matter and Mind". Bantam, 1987.

280. Sheldrake, Rupert. "A Presença do Passado: Morphic Resonance and the Memory of Nature". Park Street Press, 1988.

281. McTaggart, Lynne. "O Campo: The Quest for the Secret Force of the Universe". Harper Perennial, 2008.

282. Lipton, Bruce H. "The Biology of Belief: Unleashing the Power of Consciousness, Matter & Miracles". Hay House, 2005.

283. Radin, Dean. "Mentes emaranhadas: Experiências Extrasensoriais numa Realidade Quântica". Paraview Pocket Books, 2006.

284. Misner, Charles W., Kip S. Thorne, e John Archibald Wheeler. "Gravitation". W. H. Freeman, 1973.

285. Wheeler, John Archibald. "A Journey Into Gravity and Spacetime". Scientific American Library, 1990.

286. Penrose, Roger. "The Road to Reality: A Complete Guide to the Laws of the Universe". Knopf, 2004.

287. Einstein, Albert. "The Meaning of Relativity". Princeton University Press, 1922.

288. Thorne, Kip S. "Buracos Negros e Distorções Temporais: Einstein's Outrageous Legacy". W. W. Norton & Company, 1994.

289. Greene, Brian. "The Elegant Universe: Superstrings, Hidden

Dimensions, and the Quest for the Ultimate Theory". W. W. Norton & Company, 1999.

290. Rovelli, Carlo. "A realidade não é o que parece: a jornada para a gravidade quântica". Riverhead Books, 2017.

291. Will, Clifford. "Einstein tinha razão? Putting General Relativity to the Test". Basic Books, 1986.

292. O amor (Psicologia e Sociologia)

293. Sternberg, Robert J. "The Psychology of Love". Yale University Press, 1988.

294. Hatfield, Elaine, e Susan Sprecher. "Mirror, Mirror: The Importance of Looks in Everyday Life". SUNY Press, 1986.

295. Gottman, John. "Os sete princípios para fazer o casamento funcionar". Crown Publishing Group, 1999.

296. Fisher, Helen. "Why We Love: The Nature and Chemistry of Romantic Love". Henry Holt and Co., 2004.

297. Hendrick, Clyde, e Susan S. Hendrick. "Romantic Love". SAGE Publications, 1992.

298. Lewis, Thomas, Fari Amini e Richard Lannon. "A General Theory of Love". Random House, 2000.

299. Fromm, Erich. "The Art of Loving". Harper & Row, 1956.

300. Johnson, Sue. "Hold Me Tight: Seven Conversations for a Lifetime of Love" [Sete conversas para uma vida inteira de amor]. Little, Brown Spark, 2008.

301. Ligação (ligação humana, relações)

302. Brown, Brené. "Daring Greatly: How the Courage to Be Vulnerable Transforms the Way We Live, Love, Parent, and Lead." Gotham Books, 2012.

303. Cacioppo, John T., e William Patrick. "Loneliness: Human Nature and the Need for Social Connection". W. W. Norton & Company, 2008.

304. Putnam, Robert D. "Bowling Alone: The Collapse and Revival of American Community". Simon & Schuster, 2000.

305. Goleman, Daniel. "Social Intelligence: The New Science of Human Relationships". Bantam Books, 2006.

306. Granovetter, Mark. "The Strength of Weak Ties" [A força dos laços fracos]. American Journal of Sociology, 1973.

307. Baumeister, Roy F., e Mark R. Leary. "The Need to Belong: Desire for Interpersonal Attachments as a Fundamental Human Motivation". Psychological Bulletin, 1995.

308. Christakis, Nicholas A., e James H. Fowler. "Connected: The Surprising Power of Our Social Networks and How They Shape Our

Lives". Little, Brown and Co, 2009.

309. Fukuyama, Francis. "Trust: The Social Virtues and The Creation of Prosperity". Free Press, 1995.

310. Trabalhos integrativos sobre relações, física e filosofia

311. Barrow, John D. "As constantes da natureza; de Alfa a Ómega". Pantheon, 2002.

312. Davies, Paul. "Cosmic Blueprint: New Discoveries in Nature's Creative Ability to Order the Universe". Simon & Schuster, 1988.

313. Capra, Fritjof. "O Tao da Física: Uma Exploração dos Paralelos entre a Física Moderna e o Misticismo Oriental". Publicações Shambhala, 1975.

314. Zukav, Gary. "Os Mestres Dançantes de Wu Li: An Overview of the New Physics". HarperOne, 1979.

315. Wilber, Ken. "Uma breve história de tudo". Publicações Shambhala, 1996.

316. Chopra, Deepak. "Cura Quântica: Exploring the Frontiers of Mind/Body Medicine" (Cura Quântica: Explorando as Fronteiras da Medicina Mente/Corpo). Bantam, 1989.

317. Laszlo, Ervin. "Science and the Reenchantment of the Cosmos: The Rise of the Integral Vision of Reality". Inner Traditions, 2006.

318. Gleiser, Marcelo. "A Ilha do Conhecimento: Os Limites da Ciência e a Busca de Sentido". Basic Books, 2014.

319. Fontes adicionais

320. Talbot, Michael. "The Holographic Universe" (O Universo Holográfico). HarperCollins, 1991.

321. Bohm, David. "Wholeness and the Implicate Order". Routledge, 1980.

322. Jahn, Robert, e Brenda Dunne. "Margins of Reality: The Role of Consciousness in the Physical World". Harcourt Brace Jovanovich, 1987.

323. Peat, F. David. "Sincronicidade: The Bridge Between Matter and Mind". Bantam, 1987.

324. Sheldrake, Rupert. "A Presença do Passado: Morphic Resonance and the Memory of Nature". Park Street Press, 1988.

325. McTaggart, Lynne. "O Campo: The Quest for the Secret Force of the Universe". Harper Perennial, 2008.

326. Lipton, Bruce H. "The Biology of Belief: Unleashing the Power of Consciousness, Matter & Miracles". Hay House, 2005.

327. Radin, Dean. "Mentes emaranhadas: Experiências Extrasensoriais numa Realidade Quântica". Paraview Pocket Books,

2006.

Printed by Books on Demand GmbH, Norderstedt / Germany